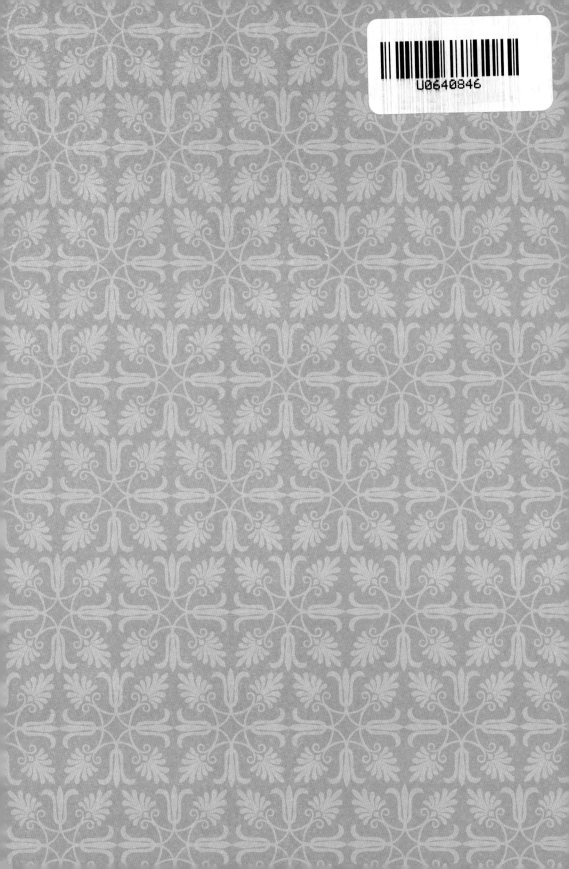

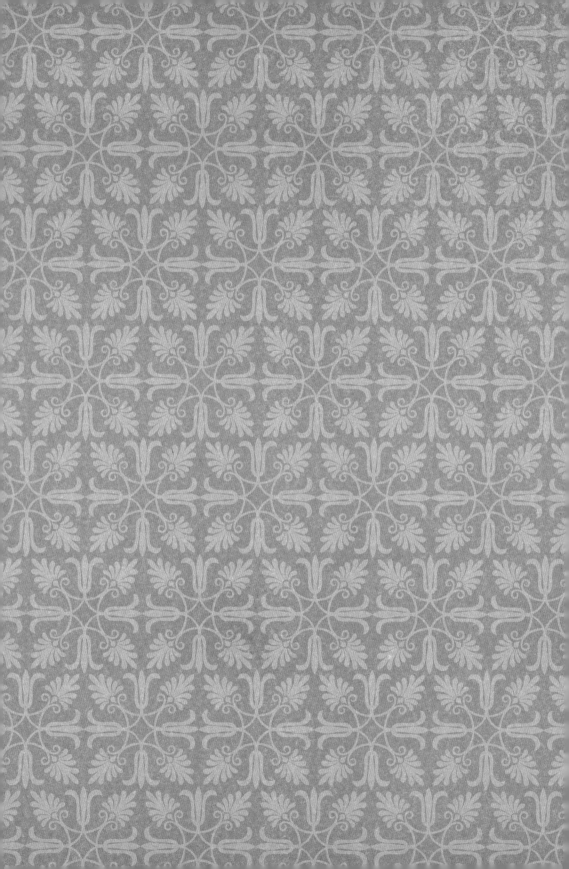

科学原来如此

让人抓狂的数学

李 杰◎编著

金盾出版社

内 容 提 要

用胡夫金字塔的底部周长除以其两倍的塔高,会得到一个奇妙的数字:3.14159……竟然是圆周率 π! 这样的奇妙事件,在生活中还有很多,本书通过一个个有趣的小故事,为你讲述那些奇妙的数字的秘密。

图书在版编目(CIP)数据

让人抓狂的数学/李杰编著. — 北京:金盾出版社,2013.9(2019.3 重印)
(科学原来如此)
ISBN 978-7-5082-8475-0

Ⅰ.①让… Ⅱ.①李… Ⅲ.①数学—少儿读物 Ⅳ.①O1-49

中国版本图书馆 CIP 数据核字(2013)第 129536 号

金盾出版社出版、总发行

北京太平路 5 号(地铁万寿路站往南)
邮政编码:100036 电话:68214039 83219215
传真:68276683 网址:www. jdcbs. cn
三河市同力彩印有限公司印刷、装订
各地新华书店经销
开本:690×960 1/16 印张:10 字数:200 千字
2019 年 3 月第 1 版第 2 次印刷
印数:8 001~18 000 册 定价:29.80 元

　　我们的生活当中几乎每天都会接触到数字，课堂上需要学习数学，逛超市时有各类产品的标价，以至我们所处于的无时无刻走动的时间……几乎我们生活的方方面面都有数字的参与。

　　而数学更加玄妙，妙趣无穷，其中不仅包含没有穷尽的数字，还有各种各样的符号，令人拍案惊奇的公式，还有隐藏在一个个看似平淡无奇的数学现象后的趣味故事。

　　在我们的认知中，数字主要包括0、1、2、3、4、5、6、7、8、9，用着简单大多数一笔就可以写成的数字，却组成了难以数计的数据，它们推动着科技的进步，它们比燃料更加具有推动力，使航天飞船遨游太空；它们将过去和现在连接起来，记录着祖先所经历过的重大事件和芝麻琐事；它们又在我们的体内不停息地流动着，计算着我们的呼吸、心跳、血液流动，维持着体温和血压；它们还代表着大自然中的各种生灵，彰显着许许多多潜在的灾难……它们就像是一个技法高超的魔术师，能从寻常之物中变出神奇的数字世界。

　　可为什么如此神奇的数学，大多数人却感到枯燥？为什么大多数人所接触到的数学都是那样刻板乏味、毫无生趣呢？

　　是繁复的公式遮挡住了窥视数学世界奥妙的双眼，如果我们重拾起对数学的热情，就会在埃及神秘的金字塔中发现用当今技术也无法轻易造就的规则三角，就会赞叹黄金比例的完美无瑕，就会在旅游的过程中发现时差所带来的妙趣。那是简单的加减乘除、复杂的三角函数无法解释的神奇。

　　一年之中的十二个月与传统农业生产中二十四节气有什么关系？我们画圆、计算圆的面积和周长时所用到的π又是什么？如何安排参赛顺序，才能在实力悬殊的比赛中获得胜利？计算机中不停刷新的由0与1构成的庞大数据，蕴含在其中的二进制又是如何工作的？元宵佳节时所挂出的数学谜语的谜底又怎样去猜？穿越时空究竟能否实现，时间是否有尽头？

　　这些谜团都可以在这本书中寻找到答案，那么就让我们摆脱课堂上那些枯燥的公式和套路，去真正的数学中探索全新的天地，去看一看这个充满奥秘的神奇的数学世界吧！

目录

CONTENTS 目录

CONTENTS

目录

神秘的数字 π

◎课堂上老师用圆规在黑板上画了一个圆。

◎老师站在讲台上面对学生。

◎智智踊跃地举起手。

◎智智用圆规画出一个大大的圆。

π 为什么如此神秘？

听到 π，我们最初的反应自然是来自老师的课堂提问。我们都知道圆的周长是 2πr，圆的面积是 πr2，再详细点说，圆周率就是圆的周长和半径之比，圆形面积与半径平方之比。但我们同时也都知道，即使是世界上最渊博的数学家也无法将 π 精确地推算出来。因为 π 本身就是一个无限不循环的小数。

历史上，第一个计算出圆周率数值的人是阿基米德，他开创了圆周率的几何算法，得出精确到小数点后两位的 π 值。中国数学家刘徽也曾使用割圆术得出精确到 2 位小数的 π 值。南北朝时期著名数学家祖冲之在前人的基础上，又得到了精确到小数点后 7 位的 π 值。

虽然时代在交替变更，但不变的则是人们对圆周率孜孜不倦地探究。计算 π 的精确值有时还被看成一个国家的综合科技能力的展示，越来越多的 π 的精确值被爆出。人们开始尝试着利用计算机精确推算 π 的近似值，但这样做的意义似乎不大。因为 π 的神奇之处就在于它的无限不循环性，你无法判断出究竟哪一个才是真正最接近它的精确值。虽然无法精确地计算圆周率背后的值，但对于 π 小数点后的一长串数字有时还成了人们展现惊人记忆力的体现。现年 33 岁的乌克兰神经外科教授安德烈就曾经背诵出圆周率多达 100 万位，保持了背诵圆周率位数最多的世界纪录。

金字塔里的圆周率

当然除了圆周率的无限不循环外，它和金字塔的神秘关联也不容忽视。留存至今的胡夫金字塔是史上最大的一座金字塔，胡夫金字塔的建成时间大约在距今 4700 年前，随着岁月的流逝，在自然的侵蚀和人为的破坏下，胡夫金字塔已经不复当年的雄姿，但不能否认的是它仍然是一个具有美感的四角锥体。在后来对胡夫金字塔的研究过程中，人们惊讶地发现在胡夫金字塔的结构中存在着圆周率。胡夫金字塔的底部周长除以其两倍的塔高，得到的商即为 3.14159，而这个数字恰恰就是圆周率。它的精确度远远超过希腊人算出的圆周率 3.1428，与中国的祖冲之算出的圆周率在 3.1415926 ~ 3.1415927 之间相比，几乎是完全一致的。金字塔蔚为壮观的背后其实是数字与建筑完美的结合。

麦田怪圈里的圆周率

　　除却金字塔之外，麦田怪圈也是另外一个与圆周率结合起来的热门话题。麦田怪圈现象是指在麦田或其他农田上，通过某种力量把农作物压平而产生出几何图案。此现象在 19 世纪 70 年代后期才开始引起公众注意。

　　而在英国巴伯里城堡附近的麦田怪圈现象堪称是英国史上最复杂的麦田怪圈。巴伯里城堡位于英国威尔特郡劳顿，有许多的麦田怪圈专家和狂热的爱好者想要解开这个麦田怪圈背后的秘密，但他们基本上都无功而返。同样想要破解麦田怪圈的还有天体物理学家里德，在经过了几番周折之后，他终于为人们揭开了这个麦田怪圈的神秘面纱。这个英国史上最神秘的麦田怪圈其实就是圆周率 π 的编码形式。里德解释称，英国巴伯里附近的这个麦田怪圈象征着圆周率的前十个数字：3.141592654.

而一直热衷于研究麦田怪圈的摄影师普林格勒也称说:"我的看法同里德的一致。"

由此可见,也许人们对圆周率的研究将要持续更久的时间,她神秘的面纱正在人们的面前一点点地滑落。

小链接

麦田怪圈是指在麦田或其他农田上,存在某种力量将农作物压平产生出一些特殊的几何图案。这种现象常发生在春天和夏天。科学界对于它的形成一直存在着巨大的争议,通常广泛流传的形成原因有五种,磁场说、龙卷风说、异端说、人造说、外星制造说。人造说被大众广泛接受。

师生互动

> 学生：π 真是一个神秘的数字，生活中还有没有更多关于它的应用呢？
>
> 老师：在计算机领域它也有很重要的应用。它的测定常常被用来衡量计算机的指标性能，比如甲乙两台电脑在相同的外在条件下，测定圆周率后的位数。若甲机测算的结果优于乙机，我们就可得出结论：甲计算机比乙计算机先进。

身体里的数字

◎智智在体育课上晕倒了。

◎智智被送到医院后,做了一套系统的化验检查。

◎智智躺在病床上,身边是满面担忧的妈妈。

◎医生手中拿着报告单对母亲说着什么

五官的数字

当宝宝们的成长逐步完善时，他们身体里的数字也开始趋向于稳定的发展。首先这些数字特征可以从五官里看出来。

人的眼睛中形成物象的视网膜细胞中约有 1.2 亿个视杆细胞，它里面存在着黑白感光物质，使人们能够辨识黑白。除此之外还含有 700 万个视锥细胞，视锥细胞的存在使人们能够分辨不同的颜色。最神奇的是，人眼可以分辨超过 800 万的色调。从发现物体到传送给大脑辨识，只需要短短的 0.5 秒。

　　眼睛为我们带来了五彩缤纷的世界，耳朵则为我们聆听这个世界提供了必要的条件。小小的耳朵里存在着大约十万个听觉神经细胞，它尽职尽责地将大小声调传至脑部，经过大脑的辨识后使人们分辨出各种声音。

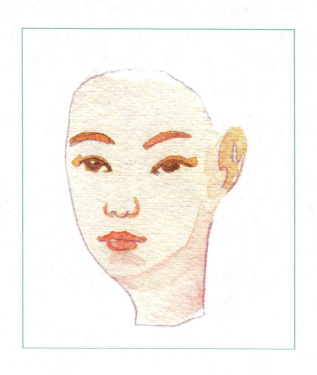

　　说完了耳朵，鼻子的功能也不容小觑。人的鼻子里也藏着大约 1000 万个嗅觉细胞。不要小瞧他们中的任何一个，平均每一个可都能嗅出 4000 种气味。

　　香甜的美味最终还是需要我们的舌头来品味鉴定，而之所以舌头能够感知酸甜苦辣，完全是因为人舌头上的小阜。每一个小阜都含有 250 颗味蕾，每个味蕾又由 50 ~ 70 个味觉细胞组成。这些味觉细胞的协同工作使得我们能够感知美味。

皮肤

　　皮肤覆盖全身，是人体最大的器官，是细菌攻击人体的一项有力的保护伞。皮肤是由表皮、真皮和皮下组织构成的。一个成年人全身的皮肤相当于其自身重量的百分之二十。皮肤在身体各部位的厚度也是不一样的，其中眼睛上的皮肤厚度是最薄的。每平方厘米的皮肤里都蕴含着大约200万个皮肤细胞，每时每刻都有陈旧的表皮细胞脱落。一个成年人，一小时内就有几十万个表皮细胞脱落。

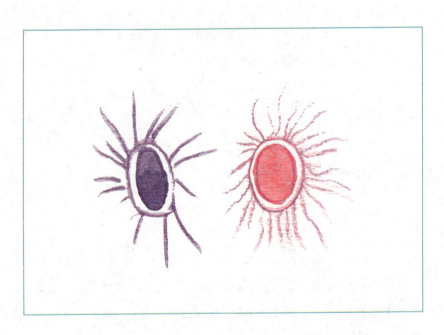

　　人体皮肤表面每平方厘米内就存在着大约456万个细菌。照此推算，正常成年人的皮肤表面聚集着的细菌数目大约有一千亿个。这个数目相当于全球人数的20倍。

　　皮肤除了担负着细菌攻击的人体的第一道防线外，还承担着排汗、

感知冷热、触压的功能。皮肤对压力尤为敏感，可以感觉出使其下陷1/1000 厘米的触压。而表现在皮肤表面温差的变化，也使得人们能够迅速地感知冷热。

内脏里的数字

内脏是指在体腔内联通外界的器官管道，主要包括消化系统、呼吸系统、泌尿系统、生殖系统四部分组成。

心脏是呼吸系统的重要器官，功效相当于抽水机中的泵。能够为血液循环提供动力，重量约为 260 克，容积为 750 毫升。心脏每分钟跳动60～100 次。跳动过程中的收缩即在输送血液。在收缩过程中，每分钟排血量为 5000 毫升，流动到血管内的血液约为 70 毫升，工作一天输送的血液约为 7500 千克。

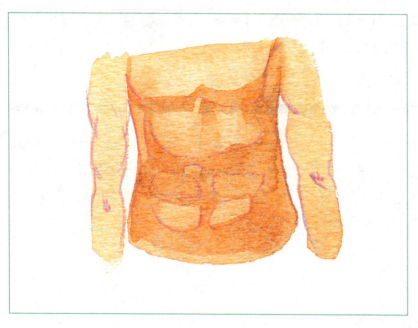

肺脏，约重1000~1300千克。存在于体腔内，左右各异，主要调节控制人体呼吸。

胃主要负责消化食物，人的一生大约有10~15吨食物，50~80吨水需要经过胃的消化加工和处理。

肝脏，是人体内最大的器官，约重1300克。肝脏是由肝细胞构成的，肝细胞能够分泌一种消化液——胆汁。平均每天约分泌100毫升胆汁，这些胆汁参与对人体脂肪的消化吸收等工作。

肾脏是人体的重要器官，主要负责生成尿液。通过新陈代谢过程排除对人体有害的物质，平衡人体内的水含量。主要由400多万个肾单位组成，每个约重150克。每分钟大概有1200毫升血液流经肾脏，肾脏每半个小时就将全身的血液过滤一遍。对废料里的营养物质再一次进行重吸收。正常人的肾脏每天产生原尿量为180升，但这其中的大部分又被肾脏再一次回收利用。

通过以上的发现大家不难看出，我们身体内的各种器官的生长发育其实都可以用数字清晰地表现出来。这些隐藏在我们身体里的数字很大程度上还决定了我们身体的发育质量。

小链接

视锥细胞是视细胞的重要组成部分，视敏感度较高，大部分分布于视网膜周边，主要用来辨识颜色。某些色盲症患者便是缺乏了某种视锥细胞。

rangrenzhuakuang
deshuxue

学生：那身体里的数字是不是也决定着我们的健康情况？

老师：科学家们研究了大多数人的身体后，上面的数字是我们看到的普遍值。当然也不排除那些个别案例，身体里的数字既然能够决定我们的身体质量。那么自然我们也可以通过它来推断某些潜在的病变。比如肝脏中的一种转氨酶，人们就能够通过它的数值来判断这个人是否患有肝脏疾病。

黄金分割点

◎智智陪妈妈一起逛商场，在鞋店中看到各式各样的女式皮鞋。

◎智智妈妈穿着一双高跟鞋在镜子前照来照去。

◎智智看着妈妈，指着高跟鞋。

◎智智妈妈笑着捧着高跟鞋。

什么是黄金分割点

　　黄金分割点的发现要追溯至公元 6 世纪，人们推断当时的毕达哥拉斯学派在研究多边形作图的过程中可能已经触及了这个理论。直到公元前四世纪，欧多克索斯才开始第一个独立地对这个问题进行系统地研究。在他的研究过程中，他发现把长为 L 的线段切分成两部分，中间会有一个一直存在的比例。即两部分中的一部分对另一部分之比等于另一部分对全部之比。而他所阐述的这种系统的比例就是我们所说的黄金分

割点。他的这一比例恰巧在菲波那契数列中得到了证实。

而在后来被我们所看到的《几何原本》中对黄金分割的阐述，即是欧几里得在欧多克索斯的研究基础之上所做的最早的关于黄金分割点的记载。而最终经过人们数千年的探索与发现后，由美国数学家基弗于最终确立了黄金分割点的常数——0.618。

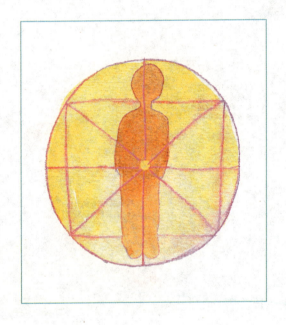

黄金分割点在艺术上的运用

黄金分割点被很多的艺术家在艺术创作中用以加工，用来诠释美的定义。在古建筑的运用上表现比较杰出的是古代的希腊人。古希腊的建筑品之所以被世人敬仰，有一大部分源于他们在创作中对黄金分割点的娴熟应用。

被我们所熟知的雅典卫城的帕特农神庙，它就被认为是希腊人留给我们的一件瑰宝。一件长方形的建筑，它的外形看起来极其的优美和谐，长和宽的比例近似于我们所说的黄金分割点。然而历经战乱的洗礼，帕特农神庙也遭受了重创。不过，这件艺术瑰宝残余下的部分，也足以使我们想象原物的雄伟壮观。

　　另一件要说的艺术品，可能还是我们常常挂在嘴边用以描述美的代言词。它就是雕塑品——维纳斯。维纳斯雕塑品之所以数百年来被人们视为美的代言者，其实那是黄金分割点在她身上所产生的艺术效果。维纳斯雕塑中，头部到肚脐眼的距离比上剩余的高度，等于 0.620。而 0.620 就是黄金分割点 0.618 的近似值。这样的造型布置使得人体变得更加的修长、秀美。

　　说完了希腊，我们再来看看埃及的金字塔。金字塔气势宏伟，在造型上呈现出一种方锥形。然而科学家们研究调查表明，金字塔底边与高其实也是严格地按照黄金分割点的要求来排列。古老的埃及人在那个时代就掌握了这样的建筑艺术。

　　类似黄金分割点在艺术中的运用，数不胜数。譬如，当我们去看一场晚会，在舞台上的报幕员站在舞台的侧面，而不站在舞台的正中央。是为了更加美观，达到一种更良好的效果，这其实也是黄金分割点在实

践中的应用。

植物中的黄金分割点

　　在卧干式盆景的设计摆放中，枝叶姿态是点睛之笔。我们常常以盆景中所呈现的姿态和韵味来判断它的好坏。这就需要艺术家具有良好的对美审阅的能力。而大部分艺术家在制作这种盆景时最喜爱的就是将黄金分割率应用在其中。通过在植物的枝干树叶之间布置黄金分割点，从而使观众在初看盆景的第一眼就达到一种美的享受，沉溺其中。

　　除此以外，植物身上就存在着神奇的黄金分割。叶片与另外一片对生的叶片，排列生长过程中之间的夹角就是神奇的黄金分割点。看来，黄金分割点不但能够使植物美观而且就生长的过程中来看，这种对生的夹角排序方式更有利于植株的生长和阳光的摄取。另外在向日葵花盘中，也存在着神奇的黄金分割。花盘中瓜子的左右排列顺序其实就是神奇的黄金分割点。这种螺旋形的排列不但美观，而且可以使他们接受更多的阳光照射。

小链接

斐波那契数列此数列的创立源于一个有趣的故事，比萨的列奥纳多在做科研研究兔子的生长情况。突发奇想之际记录下这样的数据，假设所有的兔子都不死去，第一个月有一对刚出生的小兔子。第三个月后它们就可以繁衍后代生育小兔子。每一个月，每对能够生育的兔子都会为兔子窝带来一对新兔子。照他的推测，我们不难看出假设 N 月里能够生育的兔子已经达到了 B 对，再过一个月即 N+1 月会有 B 对。在 N+2 月时，前一个月的兔子正好可以存留到 N+2 月。用来描述兔子生长而用到的数列称之为斐波那契数列。

师生互动

学生：黄金分割点真实个神奇的数字，您刚才说了那么多我都听入迷了。还有没有别的关于黄金分割点的应用了？

老师：除了我们刚才讲过的那些，其实黄金分割点也存在于人的身体中。比如说，人的眼睛里，瞳孔与两只眼睛之间的距离就符合我们的黄金分割点。人的体温在 37 度，当外界的温度达到 23 度时，这时人体的温度与外界的温度就呈现出黄金分割点的比率。事实也证明了，在这个温度下啊，人往往感到最舒适。

数字在生活中的魔力

◎前一天晚上，智智熬夜看足球比赛，墙上的时钟显示时间为凌晨1点30分。

◎智智在床上睡觉，闹钟响了，时间为7点。

◎智智嘴里叼着吐司片向学校狂奔，不时看着腕上的手表。

◎智智踏着铃声迈入教室，将书包放在书桌上。

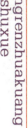

数字决定我们的生活质量

一个人的生活习惯在某种程度上也会影响着自己的生活质量，当我们试图把这些告诉那些生活中比较邋遢闲散的人时，他们往往不以为然。他们只觉得我的地盘我做主。然而当我们用数字加以佐证时，就能够清晰地对利弊点做出良好的判断。

比如，如果一个人的工作很长时间不打理呈现一种乱七八糟的状态，那么在他寻找所需要的东西时，他平均每天要为多找东西而多浪费1.5小时。一个星期工作五天，他就要为此多耗费7.5个小时。

墨菲定律中有这么一条，你预感到某物会丢失的时候那么它一定是丢失了。其实，用数字来解释它也是行得通的。当你的生活处在一片乱糟糟的时刻，你自然需要花费比别人多一倍或者更多的时间来整理你所需的资料，在无形中对你自身也有了一种潜意识的暗示，而这种暗示直接的后果就是墨菲定律里所说的。在你以为它要丢失的时候，它一定会立即不见。事情的本质原因不过是你乱糟糟的生活环境和生活质量所致。听到这，我相信每个人都该有一种立即把身边的杂物规整放置妥当的冲动。

除了这些，对于学生一族来说，上课可能就是生活的全部。不知道有没有细心的同学发现，老师在讲课的过程中其实都是遵循着同一个原则的。5～10分钟用来复习上节课的旧知识点，接下来再用15～20分钟的时间来进行新课的讲授，5～10分钟的时间进行课堂练习，在评估检测完生对新课的掌握度后，用最后的3～7分钟进行本节课的回顾。这样的安排其实本身就是有理论依据的。在对孩子进行纯理论的知识宣传的过程中，孩子容易产生焦躁以及注意力不集中的现象。在一开始上课的时候，采用复习旧知的方法容易点燃孩子的学习兴趣。对于已学过的知识，每一个人都能够踊跃的发言回答。这个5～10分钟的安排其实就是在复习旧知的基础上，激发孩子学习新课的乐趣。在孩子学习兴趣正浓的时候进行新课的传授，然而在新课的传授过程中也要注意孩子的注意力一般只能集中20分钟左右，在此基础上将学习内容较好地传播。在课堂的最后5～10分钟，生的注意力已经出现不集中时，让他们动手来实践下新课的内容。在很大程度上又使得生有了好的学习热情。

课堂上教学的安排，其实就是在数字的总结基础上寻求最优效率。

没有花朵可以常开不败

正像没有一年四季都盛开不败的花朵，生活中也没有恒久不变的事情，不论是成功还是失败。万事都有它的规律和周期，就像古话中说的那样——否极泰来。所以说，要在日常生活中积极主动地去把握时间，做出规划，这样一来，生活有了规律，遇到突发事件时也就减少了手忙脚乱以致局面更加糟糕的概率。

生物钟是隐藏在身体内的一个定时器，它会自动根据人的生活作息而进行调整和更改。这就和人的精神上的波动息息相关，因为获得成功后满足感与充实感一起在精神上发生化学反应，使人产生很强烈的自信感。但是这种成功后的感受不会永远保持下去，就像"一劳永逸"是件不现实的事。学会将生活数字化、规律化，在成功前或成功后及时制定计划，不要沉溺于成功带来的荣耀与喜悦中难以自拔。只有这样，才会有机会和有能力去迎接新一轮的成功与喜悦。好比一年一季的花开。

有些烦恼只是你自以为

生活压力的逐渐加大使得人们在生活中会为各种各样的小事所扰。不过，当我们呈现出一组数据在您的面前时，可能您就会有不一样的想法了。对日常生活中的小事做统计整理时，我们就会发现我们其实时候是活在那些自己臆想中的烦恼里。最平常的小事讲起，你就会发现数字无处不在。

早上，时钟提醒着我们一天又要开始了。我们醒来，关掉不断作响的闹钟，睁开双眼，也许灰暗的天气，不舒适的早餐都是你抱怨的原因？你苦闷工作的时候，各种数据和报表铺天盖地的涌来，是不是让你及其困惑？晚上，我们坐在沙发上看电视，享受自己的休闲时间，在百无聊赖中不断更换电视台，为没有适合你的节目而烦恼的时候，你一定不知道你损失了些什么！

灰暗的天气、不舒适的早餐当你皱着眉头抱怨他们的时候，你不知道你已经为额头上生长皱纹的机会添加了千分之一的可能。在你为早餐和新一天即将到来的烦恼苦闷时，你更不知道地球上每天都有几千万的人没有机会看到新一天的太阳。

各式各样的报表、工作总结、不如意的成绩单当你对着他们自怜自叹的时候，你除了长皱纹之外，你还比别人多浪费了十几分钟的宝贵时间。一天是十几分钟，一星期就是一个多小时，一年就浪费了五十多个小时。

而这其中被耗费掉的每一分钟都是不可复制的，独一无二的。所谓的烦恼不过是自己设给自己的一个圈套，自己又一声不响地沉溺其中。活在当下，放下那些假想的烦恼才是我们的正确选择。

小链接

墨菲定律是由美国的一名工程师爱德华·墨菲做出的著名论断，是西方世界常用的俚语。墨菲定律主要内容是：事情如果有变坏的可能，不管这种可能性有多小，它总会发生。

师生互动

学生：说到生物钟，每到假期总会因为通宵游戏或者看电视而导致第二天昏昏沉沉的，之后就好像真的是生物钟紊乱了，身体免疫力都跟着低下，究竟怎样调整生物钟呢？

老师：最主要还是要通过调整睡眠来进行调节，像从前生活规律正常期时那样，按时上床睡觉，睡前用热水泡脚，舒缓神经，促进血液循环，适应能力强的很快就会将生物钟调整过来。当然，还可以通过调整饮食和做些适当运动来进行辅助，效果更佳明显。

颠倒生活的时差

◎飞机客舱中,一位孕妇摸着自己的肚子,满足地笑着。

◎孕妇在机舱过道间行走时忽然晕倒。

◎飞机上的医生马上进行接生,孕妇顺利产下一对双胞胎,孕妇幸福地抱着两个孩子。

◎落户口时,警察将下颌有痣的定为妹妹,而另一个是姐姐,孕妇一脸惊讶。

时差起因

1522 年麦哲伦环球航行探险队返航至佛得角群岛时，发现了一件奇怪的事。船上的日期是 7 月 8 日星期三，沿海岸上的日期却是 7 月 9 日星期四。这件事情引起了他们极大的重视，回国后第一件事便是向皇帝回报了这件事。很快地由麦哲伦航海队发现的这件事情引起了世界的广泛关注。也由此人们展开了对时差探讨的序幕。

时差产生的这一切现象又得从地球自转说起。众所周知的，地球进行着公转和自转。自转的过程中就产生了白天和黑夜。太阳周而复始地东升西落，而人们又习惯性地通过太阳在天空中的位置来确定一天的时间，这样的时间我们称之为"地方时间"。太阳不可能同时出现在地球上的所有角落，于是我们就会看到很多很多的地方时间。因为这些不同的地方时间，在出行的过程中我们就可能遇到各种各样的麻烦和困惑。

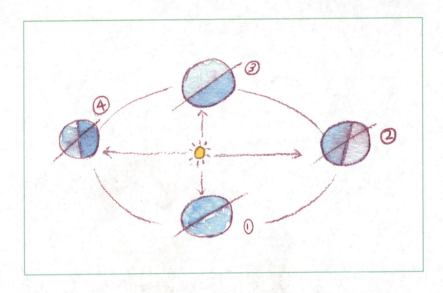

为了解决这一麻烦和困惑，许许多多的国家聚在一起最终采用了以时区为单位的国际标准时间。

以英国伦敦格林尼治天文台原址的本初子午线（即0°经线）为标准，从西经7°30至东经7°30划为中时区．在这个时区内，以0°经线的"地方时"为标准时间，这就是格林尼治时间，也就是人们通常说的世界时间。以中时区为界限，向东，西每隔经度15°划分为一个时区，全球共被划分成二十四个时区，东西共十二个时区。每个时区之间相差1个小时。

通过时区的划分，减轻了我们在出行中不必要的麻烦。我们也能够使用时区来换算自己所在的城市和出行城市之间的时间。

本初子午线

即我们常说的 0° 经线。因为东西时区的划分，因此它也是 0° 经线和 180° 经线的重合点。地址位于原英国伦敦格林尼治天文台。因为这个全世界最准的钟的存在，这里也是闻名遐迩的旅行圣地。在几厘米宽的铜条之间，你就可以轻松地跨越东西半球。

地球的公转和自转

地球自转一圈的时间是 23 小时 56 分 4 秒，公转一圈的时间是 365 天 6 小时 9 分 9 秒。

地球环绕着太阳转动的同时，自己也在做转动，这样的转动被称之为地球的自转。在浩渺的宇宙里，地球在太阳引力的作用下，绕着固定的轨道进行运动这样的转动被称之为地球的公转。

地球自转的时间就是一天，而它公转的时间就是我们所说的年。一天近似为 24 小时，一年近似为 365 天。

现今，几乎每一个人都有这样普及性的常识，地球绕着太阳转动。然而在几百年前，所有的人都认为地球是宇宙运动的中心。在罗马教皇以及众多的教徒普及的常识里，地心学说的地位无可撼动。甚至想要反对它就是在同教皇作对。在这样大的政治形势下，有不少的科学家做出过努力。并且有一位科学家勇敢地站出来面对教皇的权势。他就是意大利的自然科学家——乔尔丹诺·布鲁诺。布鲁诺在哥白尼所做的《天体运动》一书的基础上又对地心说加以加工和整理，更加坚信并且坚持这个真理。他将他的思想向许多人传播，被教皇以异较分子的名义关押在牢房里。在最后也不愿意向教皇屈服承认所谓的日心说。最终被当做异教分子烧死在罗马鲜花广场。

真理从不会就此淹灭。哥白尼布鲁诺之后，又有很多人对教皇所提出的地心说持以怀疑的态度。科学家伽利略借助数据和天文望远镜成功地推翻了教皇的地心说。在此之后，人们才开始逐渐地接受日心说的概念。

时差的计算

本初子午线将地球分为东半球和西半球，共 24 个时区。东半球被划分为十二个时区，西半球被划分为十二个时区。地球上的所有地方都被划分进了时区里，在计算时区时，两个时区的标准时间相减就是时区。反过来，当你在 A 地想要来到 B 地时，计算 B 地的时间就用 A 地的时间加上 AB 两地之间的时差。

举个例子来说，北京和纽约，北京在东半球属于第八个时区——东八区。而纽约属于西五区，两者之间的时差是 16 小时。也就是说，纽

约要比北京晚十六个小时，我们是白天，他们则是名副其实的深夜。

只要我们掌握了各个地方的时区，那么想要换算时差就是一件非常简单的事了。

哥白尼：1473年出生在波兰。在攻读医学期间，他找到了一生的奋斗目标天文学。德·诺瓦拉是哥白尼天文学的启蒙老师。哥白尼在德·诺瓦拉处，学习了大量的天文学的基础知识，这对他后来提出日心说奠定了一定的基础。40岁时，哥白尼提出了日心说但在当时大的政治形势下他未曾将这本书出版。直到后来临近古稀之年时，他才下定决心将他的著作《天体运行论》出版。在书出版后不久，哥白尼就离开了人世。

学生：老师，我的妈妈在意大利，那我们和意大利的时差是怎么计算的？

老师：按时差划分的方法，中国使用的是东八区的时间，而意大利处于东一区。也就是说意大利和中国相差着七个小时。我们在早上的时候，他们已经来到了傍晚。

一年为什么有十二个月

◎智智在百花盛开的公园中玩耍，智智和妈妈一起拍照，很开心。

◎智智在家里一边看电视一边吃西瓜。

◎智智在餐桌上看着丰盛的晚餐，笑着看向妈妈。

◎智智和小伙伴们一起在户外堆雪人、打雪仗。

最喜欢冬天了，十二月漫天雪花很漂亮！

中国古代关于十二个月的划分

我国古代，也就是民国元年之前，一直使用"阴历"来作为历法，因此也称"阴历"为"旧历"，在人们看来，阴历适用于农业生产，所以也将它称为"农历"。

古代历法以月球绕行地球一周为一月，再将地球绕太阳一周之时数为一年，也就相当于阴阳合历。我国研究历法的历史十分悠久，有记载的开端就是在夏朝，当时的人们观星而望。因为我国自古就是以农耕为主，所

以古人配合农事来总结归纳当时的各种天象，于是产生了夏历。在此之后，更是专门设立了主管历法的官员。

　　而经过古人的观察和测算，知道月球绕地球一周需要二十九日十二时多，但又因为每月天数不能有奇零，所以阴历一个月为二十九日或三十日。地球绕太阳一周，也就是月球绕地球十二次又三分之一，一年内之月数不能有奇零，于是一年十二个月，仅三百五十四日，但与实际相比较，约多出十一日，积至三年，余出三十三日，所以每三年须置一闰月，还会多出三或四日，再积二年，共余二十五日或二十六日，可置一闰月，平均计算，每十九年须置七闰。以有节无气之月为闰月，有闰月之年为闰年，闰年有十三个月，平年则十二个月。

西方十二个月的由来

　　一月——January

　　英语 January，是从一个拉丁文名字 January 演变而来的。而这个名字的主人是罗马传说中的一名守护神——雅努斯。雅努斯生有一副回顾过去，一副眺望未来的先后两副脸。于是人们便认为选择他的名字作为除旧迎新的第一个月月名，很有意义。

　　二月——February

　　英语 February，是由拉丁文 Februarius（即菲勃卢姆节）演变而来。每年二月初，罗马人民都要杀牲饮酒，欢庆菲勃卢姆节。这一天，人们常用一种名叫 Februa 的用牛、草制成的鞭子，抽打不孕不育的妇女，以求能够怀孕生子。这一天，人们还要洗刷自己的灵魂，忏悔自己过去一年的罪过，以求得神明的饶恕，从而使自己成为一个贞洁的人。

　　三月——March

　　英语 March，是为了纪念战神玛尔斯，便把这位战神的拉丁名字作为三月的月名。三月，原是罗马旧历法的一月，新年的开始。尽管凯撒大帝改革历法后，原来的一月变成三月，可罗马人还是将三月看作是一年的开始。不仅如此，按照古罗马的习俗，三月是每年士兵出征远战的季节。

四月——April

罗马的四月，正是春回大地、草长莺飞百花盛开的季节。而拉丁文中的 April 的意思就是"开花的日子"。

五月——May

英文五月 May，由罗马神话中的女神玛雅的拉丁文名字 Maius 演变而来。玛雅专门司管着春天和生命。

六月——June

英语六月 June，来自罗马神话中的裘诺的拉丁文名字——Junius，她是众神之王，又是司管生育和保护妇女。古罗马人十分崇敬她，便把六月奉献给她。但与此同时也有人提出质疑，有学者认为，Junius 是古代拉丁家族中一个显赫贵族的姓氏。

七月——July

罗马统治者凯撒大帝被刺死后，著名的罗马将军马克·安东尼建议将凯撒大帝诞生的七月，用凯撒的名字——拉丁文 Julius 命名之。这一建议得到了元老院的通过，英语七月 July 便由此演变而来。

八月——August

英语八月 August，由皇帝屋大维的拉丁语尊号 Augustus 演变而来。凯撒死后，由他的甥孙屋大维续任罗马皇帝。为了要与凯撒比肩，他也想用自己的名字来命名一个月份。他生于九月，可他却选定八月。因为在他登基后，罗马元老院在八月授予他 Augustus（奥古斯都）的尊号。于是，他决定用这个尊号来命名八月。另外还有一件逸事，原来八月为三十天，比七月少一天，但为了和凯撒平起平坐，屋大维决定从二月中抽出一天加在八月上。从此，二月便少了一天。

九月——September

英文九月 September，由拉丁文 Septem 演变而来。老历法的七月，正是凯撒大帝改革历法后的九月，拉丁文 Septem 是"七"月的意思。虽然历法改革了，但人们仍袭用旧名称来称呼九月。

十月——October

英语十月，来自拉丁文 Octo，即"八"的意思。它和上面讲的九月一样，历法改了，称呼仍然沿用未变。

十一月——November

罗马皇帝奥古斯都和凯撒都有了用自己名字命名的月份，梯比里乌斯却没有应罗马市民和元老院要求，用自己的名字来命名十一月，他明智地对大家说，如果罗马每个皇帝都用自己的名字来命名月份，那么出现了第十三个皇帝怎么办？于是，十一月仍然保留着旧称 Novem，即拉丁文"九"的意思。英语十一月 November 便由此演变而来。

十二月——December

罗马皇帝琉西乌斯本想将一年中最后一个月用他情妇 Amagonius 的名字来命名，但遭到元老院的强烈反对。因此，十二月仍然沿用旧名 Decem，即拉丁文"十"的意思。英语十二月 December，便由此演变而来。

二十四节气歌

在我国最初划定十二个月份是因为其有助于农业生产活动，而由月份更加深入发展出来的，更加契合农时的是二十四节气。

二十四节气起源于黄河流域，仲春、仲夏、仲秋和仲冬四个节气，是中国古代先贤远在春秋时期就定出的，以后不断地进行发展、改进和完善，到秦汉时期，二十四节气已然确立。公元前 104 年，由西汉时人、邓平等制订的《太初历》正式把二十四节气定于历法，并明确了二十四节气的天文位置。二十四节气是中国劳动人民独创的文化遗产，它不仅反映季节的变化，指导农人的农事活动，并影响了千家万户的衣食住行。

为便于记忆我国古时历法中二十四节气，我国古代的劳动人民编出

了一种取名为《二十四节气歌》的小诗歌，可诵可唱，流传至今有多种版本，无不显著体现出我国古代劳动人民的卓越智慧。

春雨惊春清谷天，
夏满芒夏暑相连。
秋处露秋寒霜降，
冬雪雪冬小大寒。
上半年是六廿一，
下半年是八廿三。
每月两节日期定，
最多只差一两天。

简而化之，从二十四节气名称中炼出一个字，连接起来编成歌诀就是：

春雨惊春清谷天，
夏满芒夏暑相连，
秋处露秋寒霜降，
冬雪雪冬小大寒。

二十四节气的制定，综合了天文学和气象学的理论知识，同时也结合了农作物的生长特点等多方面实践知识，将一年中的自然力特征比较准确地反映出来。所以至今仍然使用于农业生产中，被广大农民所喜爱。

小链接

　　二十四节气：分别是立春、雨水、惊蛰、春分、清明、谷雨、立夏、小满、芒种、夏至、小暑、大暑、立秋、处暑、白露、秋分、寒露、霜降、立冬、小雪、大雪、冬至、小寒、大寒。

师生互动

　　学生：这十二个月还可以用来做什么呢？

　　老师：十二个月最初是为农业生产提供辅助，除去农业方面的作用。十二个月对于我们来说，更主要的还是能够令我们具有充分的时间意识。俗话说"一年之计在于春"，而春天恰好就是万物复苏的时节，在一年之中的前三个月春季期间里多做些对于全年安排的思考和计划，在之后的九个月内实施，并在十二月份年底时，对照计划，看是否落实完成。将一整个计划，按照十二月份来分成十二块，大事化小的方法，可以减轻压力和负担，容易产生成就感，继而可以更好更有激情地完成接下来的计划。

数字告诉我们的事

◎体检中，卫生老师在测智智的身高。

◎卫生老师在为智智量体重。

◎智智在进行肺活量的测试。

◎智智坐在视力表几米外测试左眼视力。

拥有的财富

众所周知，世界上的人种被分为四种，亚洲人、欧洲人、美洲人、非洲人。他们分别占有的数字百分比为百分之五十七，百分之二十一，百分之十四，百分之八。我们出生在亚洲，与非洲相比我们不用在烈日的灼烧下生活和工作，不用与占地三分之一的沙漠打招呼。更不用提心吊胆于时刻会出没的飞禽走兽。贫穷饥饿战乱让这个国家满目疮痍。

再来看看我们生活的亚洲，森林总面积约占世界森林总面积的13%，具有蓄积量丰富的针叶林。除此以外，亚洲还是世界上大江大河汇集最多的大陆，长度在1000公里以上的河流有58条之多，其中4000公里以上的有5条，各方面均优于非洲。

看到这里，难道你们还没有发现吗？生活在这样理想的环境下本身就是一种幸福。

在你抱怨工作太艰苦，学习太辛苦时，世界上仍然有80%的人居住环境不理想，为良好的生活环境而打拼；世界上有70%的人是文盲，不识字的各种麻烦时时刻刻地困扰着他们；世界上有50%的人营养不良，为温饱而挣扎。

曾经看过这样一个故事，一位年轻人事事不得志，愁苦之中准备结束自己的生命。在将要跳河之时，他遇到了一位老人。当他一股脑地向老人倾诉心中的愁苦之时，老人淡淡地问了他几个问题，"年轻人，我给你两千万买你的两只手，两千万买你的两只脚，还有一千万买你的眼睛。你把这一切给我，你就拥有了五千万！你愿意吗?"

年轻人几乎是斩钉截铁地回答道，"不行，先生。"

这个时候，老人微笑着说，"你看，现在你不是已经拥有了五千万了嘛!"

我们往往不能看到那些显而易见的幸福，而当它们以数字的形式清晰地呈现在我们的眼前时，我们才会恍然大悟。

什么才是我们的最优选择

在数学学习中经常接触到的应用题，占很大比例的就是关于"最优方案的选择"。而这正好恰恰体现出了数学在实际应用中的功能，牛吃草问题和排水管、排队问题同源同根，还有包括如何买菜更加划算、如何处理广告与电视剧播出时间比例，以获得最大利益、如何选择运输车辆的数量和类型以节约最多的成本等，都在一个层面上反映出，数学或者说是数字，它所具有的远比表现出来的作用大很多，也在生活的很多方面，发挥着极大的功用。但也许有时是因为它们太过普遍，而把它们的存在当作理所当然，因此而忽略掉了它。

通过数学公式和方法，将一些简单的数字进行排列组合，很清晰地得出结果。而这些结果也在生活中起到了关键性的作用。最优的选择，往往意味着最节约的资源和最大的利益，这些都是人们不懈追求的，也是可以由数字带来的。

结绳记事

在文字发明之前，结绳记事人们所使用的一种记事方法。即在一条

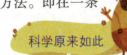

绳子上打结，用以记事。上古时期的中国及秘鲁印第安人皆有此习惯，即到近代，一些没有文字的民族，仍然采用结绳记事来传播信息。

数字告诉我们的事

从我们的祖先结绳记事开始，就已然决定了我们与数字妙不可言的缘分。

人的一生中5%是精彩的，5%是痛苦的，而剩下的90%则是平平淡淡的；大部分的人们往往被5%的精彩诱惑着踟蹰着，忍受着5%的痛苦，而在真正90%的平淡中度过一生。

数字预估着我们的一生，我们自然也可以从具体数字来解读生活中抽象的事物。与对方用语言交流，这是每个人生下来就具备的一种能力。但每个人分配给家人的时间是不相等的。比如说工作繁忙的人能够分配给配偶的时间平均每天不多于两分钟；而同孩子交流的时间每天也不会多于 1 分钟。他们生命中的二十四小时，除却喝水、吃饭、上厕所的一两个小时之外，便只剩下了工作。

只有用数字清晰地表达与家人的相处时间，你才能够警醒地明白一天之中你真正用来关心家人的时间已经少之又少。希望数字所带来的这一切能够像一记警钟重重地敲醒我们。

除却这些，我们还可以从具体数字中了解自己的精神状态，例如，80% 的人不想在星期一早上上班。但相比较而言只有 60% 的人不想在星期五上班。人们在工作的过程中，经常会受到不必要的打扰。一般每八分钟会有一次来自外界的打扰，而每个小时这样的打扰会有三次。总共每天大约有三个小时是处在被干扰的状态。而这所有的打扰中，80% 是没有意义或者极少有价值的。

这些原本看上去普普通通的数字，通过世界上无数事物的演绎，立刻呈现出一个多姿多彩的世界。

小链接

牛吃草问题：又称为消长问题或牛顿牧场，是 17 世纪英国伟大的科学家牛顿提出来的。典型牛吃草问题的条件是假设草的生长速度固定不变，不同头数的牛吃光同一片草地所需的天数各不相同，求若干头牛吃这片草地可以吃多少天。由于吃的天数不同，草又是天天在生长的，所以草的存量随牛吃的天数不断地变化。

学生：数字还能告诉我们什么？

老师：典型的例子就是"数字密码"，密码在生活中随处可见，无论是登录账号、银行取款、充缴费用等等都需要密码，而"数字密码"则是利用一些数字的排列组合来传达一定的意义和信息，"摩斯密码"和这个很相似，有异曲同工之妙。比如说，网络上最流行的"886"（拜拜了）在一定程度上就可以称为"数字密码"，用单纯的数字来传递信息。

幸运的人

◎智智和妈妈一起到福利彩票站想要购买一张彩票。

◎妈妈让智智选号码，并以智智所选的号码购买了一张彩票。

◎电视上开奖时，智智的彩票获得了10元的福利。

◎在彩票站兑奖时，智智开心地笑了。

史上最幸运的"不死族"

你能从脱轨的火车中，侥幸逃脱么？

你能从起火的汽车里，安然等待获救吗？

你能从高空上坠下，而仍然完好无损吗？

这不是变形金刚，也不是超人归来，更不是美国大片里的常演戏码。这么多恐怖的灾难事件它就这样真实地上映在美国公民弗朗克·塞拉斯的身上。

其本人，生于 1929 年，是克罗地亚的一位音乐教师。他之所以被人广泛熟知，源于他那一段在常人看来不可思议的逃生经历。他可谓是这世上最多灾多难但同时又是最幸运的人了。

这一切都得先从 1962 年 1 月说起，这是塞拉克奇闻轶事的开端。此时的赛拉克正乘坐火车从萨拉热窝到杜布罗夫尼克，他可能做梦都没有想到等待他的会是只有电影里才出现的情节——火车脱轨。如果用数学语言来表达的话，那就是这种正常情况下千分之一的概率被塞拉克碰到了。火车突然脱轨，并且掉进轨道旁边冰冷的河水中。乘客中有十七人丧生，而萨拉克则奇迹般逃生，仅仅是肩膀受伤和轻微烧伤。

第二年，塞拉克在出行的途中又发生了意外。乘坐的飞机驾驶舱舱门突然掉落，这种情况在飞机失事的案例中也不得不称之为千分之一的概率。乘客们在万不得已的情况下纷纷选择跳机逃生。一个人一生中但凡有一次这样大型的交通事故造成的灾难依然是百万分之一的概率。而塞拉克呢，两次事故都被他碰上了，也就是说这种亿万分之一的概率降临到了他的身上。然而，奇迹般的是，塞拉克掉在干草堆里再一次获得了重生。

当然，你可能要说亿万分之一的概率，小是小了点，但也不能够将其完全排除。不过，这正是我们接下来要讲的。在 1966 年，他所驾驶的公交车坠入河中，4 名乘客死亡，而赛拉克再一次毫发未损。遇到公交车事故的概率是千分之一，而他又获得了百分之二十的生还概率。这一次事故中，他又成功地营造了五万分之一的奇迹。

1970 年时，他的汽车因为漏油的故障燃起大火，而他在一次的安然无恙。1970 年，赛车再次起火，仅仅只是烧掉了他的几根头发。1995 年，不再开车的他，被街边驶来的大巴撞到。他只是受了轻微的皮外伤。1996 年时，他的车被撞下悬崖，而他被树枝挂住，再一次与死神擦肩而过。

按照数学的概率来推算，塞拉克所遭受的任何一种磨难在任何一个常人身上发生一次都是奇迹。而塞拉克，则将这一切在他的身上——上映。

被这些恐怖的灾难盯上，而又绝处逢生的人恐怕只有塞拉克一人了。

史上最悲剧的中奖

当你发现自己买彩票赢得了千万大奖，然后这种喜悦，被你转瞬想不起来中奖的彩票放在哪时的心情所取代时，你会做些什么？彩票的中奖概率是一千七百五十二万分之一，中个百万大奖已是万幸，更别提千万巨奖的中奖号码。

而英国史上就有这么一位男子，人们发现他时，他已在他的卧室里

选择开枪自杀结束他的生命。而这一切，源于那一张千万的中奖彩票。这一组号码，他从五个星期前就开始蹲守，他对它寄予厚望倾注了所有的热情。

在前四位号码全中时，他已然感到幸运之神悄悄地光顾了他。但接下来，事情并不如他期待的那样，他的那张中奖彩票忽然间没有了。他找了所有能找的地方，那些概率在百分之四十的书柜里，那些概率在百分之二十的卫生间里，那些概率在百分之十五的电话旁，概率在百分之二十的大衣口袋里，还有概率在百分之五的卧室地毯上。

然而都没有，悲伤绝望中的他选择用手枪结束自己的生命，带着对一千万的失之交臂，他就这样走了。

事实的真相是不是如此呢，除却一千七百五十二万分之一的中奖概率外，彩票的这一组号码也并不只为一个人所持有。即使中奖之后，奖金也要除以买它的注数。而我们的主人公，他在极大的愉悦中，只看了中奖的前四个号码，剩下的两个号码却并未留意，命运弄人的是，他没有中奖。

退一万步来说，即使他中奖了，他也只能够获得 47 英镑。为了这可能获得的 47 英镑，他就这样白白丢了性命。

患有八种癌症的人

澳洲人唐·米勒不曾料想到自己的一生会是充满传奇的与癌症抗争的一生。他 25 岁时，被首次发现患有癌症。医生告诉他，他所剩下的时间已经不多。然而唐·米勒并没有放弃活下去的希望。他甚至结婚生子，生儿育女。此后的时间里，他又先后患上了睾丸癌、前列腺癌、乳腺癌、乳头癌、胰腺癌、扁平细胞癌、神经内分泌癌等，成了世界上得癌症最多而又顽强存活这么久的癌症病人。

癌症即我们常说的恶性肿瘤。每一个人的身体里都存在着原癌基因，而这种基因病发的因素却是因人而异。有的人在后天的条件下，外界促使基因诱变这种病发的概率仅仅是万分之一。

而在米勒患的癌症中，大部分都是我们听说过的，顺便提一下这个神经内分泌癌：神经内分泌癌即具有内分泌功能的癌症。包括大神经细胞内分泌癌、小细胞内分泌癌、类癌、不典型类癌。在这四种中，类癌是对人体伤害最小的一种，当发现得的是这一种时，只需要切除它即可痊愈。小细胞内分泌癌和大细胞内分泌癌恶性程度较高。不典型类癌即我们常说的癌症。

小链接

英镑：英镑主要为英国国家货币的单位。英镑大部分由英格兰银行发行，但也有一些其他的机构发行。国内普遍使用英镑，以先令和便士作为辅助钱币，主要因为其尚未加入欧元区。我们常见的用于表示英镑的符号是£。英镑是除欧元外第二贵的外币，与美元的汇率比为1：2。

师生互动

学生：听完他们的故事，我真是觉得他们都是世界上最幸运的人，那么老师，我呢？

老师：其实要是真的也用数字来说的话，你可就是这世界上最幸运的人了。你的出生就是三千分之一的成功。而你出生下来，四肢健全没有任何遗传性疾病这就是一种幸运。有很多的小朋友在他们出生伊始就忍受着病痛的折磨，要忍受着来自病痛的折磨。

隐藏的灾难

◎ 冬天到了，智智受凉感冒，坐在沙发上十分难受。

◎ 智智给妈妈打电话。

◎ 智智趴在餐桌上睡着了，旁边的锅中水已经沸腾。

◎ 妈妈焦急地将煤气灶关掉，推醒熟睡的智智。

庞贝古城

　　庞贝位于罗马城的东南方，距罗马约二百四十公里。它北靠俊俏威严的维苏威火山，西临碧波荡漾的那不勒斯湾，方圆约一平方公里，住着两万居民。

　　在这里人们欢乐地生活，享受着阳光雨露和大自然的迷人气息。公元 79 年的一天下午，这一天太阳依旧耀眼，面包炉里的面包也散发着香甜的气味。人们正等待着落日余晖的照耀来宣告这一天的终结。不寻常乃至做梦都不会想到的事情就这样发生了。

远方的维苏威火山处，人们看到了一朵奇异的云彩缓缓升起。接着轰隆隆的爆鸣声四下里传开。人们这时候才发现，这不是什么奇观异景，而是火山爆发。火山喷发出的炽热岩浆，向人们袭来。

庞贝就这样被淹没了，大部分的人张皇失措地逃离，但也仍然有两千多人不幸罹难。

庞贝城覆灭于隐形的灾难，而这隐形灾难的创始者就是火山喷发。

而这座令庞贝古城永眠的火山就是维苏威火山。维苏威火山海拔1277 米，据地质学家们考证，它是一座典型的活火山，数千年来它一直在不断喷发，庞贝城就是建筑在远古时期维苏威火山一次爆发后变硬的熔岩基础上的。可是，公元初前，著名的地理学家斯特拉波根据维苏威火山的地形地貌特征断定它是一座死火山，当时的人们完全相信他的这一论证，对火山满不在乎。火山的两侧种上了绿油油的庄稼，平原上到处遍布着柠檬林和橘子林，还有其他果园和葡萄园，他们万万没料到这座"死火山"正在酝酿着一场毁灭性的大灾难。公元62年2月8日，一次强烈的地震袭击了这一地区，造成了许多建筑物的毁塌，我们今天在庞贝城看到的许多毁坏的建筑都是那次地震造成的。地震过后，庞贝人又重建城市，而且更追求奢侈豪华，然而，庞贝还没来得及从那次地震中复苏过来，在公元79年8月24日这一天，维苏威火山突然爆发了。岩浆与火山灰铺天盖地地降落到这座城市，速度十分迅疾，很快，厚约5.6米的火山灰毫不留情地将庞贝城从地球上抹掉了。

楼兰古国

楼兰古国位于新疆罗布泊西北，是新疆最荒凉的地区之一。在遗址中出土的汉文文书上，发现"楼兰"的佉卢文读音为"库罗来那"，因而如此称呼该国。其实早在公元2世纪以前，楼兰就作为西域一个著名的"城廓之国"被周知。也是历史上著名的"丝绸之路"上的一个重要枢纽，东通敦煌，西北到焉耆、尉犁，西南达若羌、且末。丝绸之路从楼兰而分成南、北两道。

第一次将楼兰国写入文献的是司马迁，他曾在《史记》中记载："楼兰，姑师邑有城郭，临盐泽。"西汉时，楼兰总共有1万4千多人口，商人游客云集，市场繁华热闹，还有整齐的街道，雄伟的佛寺、宝塔。整个楼兰国内都是一派祥和安乐的景象。到了魏晋南北朝时期，中原群雄割据，混战不休，西域地处偏狭，并不属于权力争夺的中心，以致群雄顾及不暇，也逐渐与中原联系甚微。到了唐代，中原强盛，而楼兰又多次成为唐朝与宿敌吐蕃兵戎相见的战场。唐诗中有不少诗句都有提及，如王昌龄的《从军行》，"青海长云暗雪山，孤城遥望玉门关。

黄沙百战穿金甲，不破楼兰终不还。"可见当时楼兰还是唐王朝的边陲重镇。

但不知道从何时开始，繁盛一时的楼兰神秘地消失于西域之中。古往今来，有无数人对此产生极大的疑惑和兴趣，楼兰古国究竟是如何消失的呢？

对此进行探索与猜测的人不计其数，也由此形成了一个待解的千古谜团。对此的解说众说纷纭，却仍旧存在被大多数人赞同和认可的说法——沙埋古国，简而言之，导致楼兰古国最终灭亡的罪魁祸首就是——沙子。

关于海市蜃楼般虚幻的"沙埋古国"传说，几百年来一直在喀什噶尔、拉吉里克、玛拉巴什、叶尔羌等在塔克拉玛干大沙漠边缘绿洲的居民中传播不息。经过不计其数前赴后继的专家学者探险员深入沙漠，去探寻楼兰古国消失的真相后，他们得出一个结论，楼兰古国的消失与罗布泊的移动有着千丝万缕的关系。

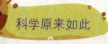

可是罗布泊怎么会游移呢？科学家们认为，除了地壳活动的因素外，最大的原因是河床中堆积了大量的泥沙。从孔雀河和塔里木河中顺流而下的泥沙汇聚在罗布泊的河口，经年累月，泥沙越积越多，将河道淤塞，孔雀河和塔里木河两条河流便另觅新道，流向低洼处，形成新的湖。而旧湖因气候的炎热，逐渐蒸发干涸，变为沙漠，而水恰恰是楼兰城的生命之源。罗布泊湖水的北移，致使楼兰城的水源枯竭，树木枯死，市民被逼无奈，不得不弃城出走，留下一座死城，楼兰终于被肆虐的沙丘淹没了。

奥尔梅克文明

说起奥尔梅克文明，它曾发祥于今天的墨西哥的塔巴斯科州和维拉克鲁斯州，西起帕帕洛阿潘河，东达托纳拉河，总面积约为 1.8 万平方公里。这一带的东部为沼泽地，西部为洪泛区，气候炎热多雨，水草丰美，河流纵横，湖泊众多，成片的橡胶树是一大特色。

公元前 1200 年左右，奥尔梅克文明产生于中美洲圣洛伦索高地的热带丛林。圣洛伦索是早期奥尔梅克文明的中心，但却在繁盛了 300 年后，于公元前 900 年左右毁于一旦，原因难窥其貌，但有学者猜测是暴力所致。在此之后，奥尔梅克文明的中心迁移到靠近墨西哥湾的拉文塔，最终于公元前 400 年左右彻底消弥。虽然奥尔梅克文明的起源早，但却直到 19 世纪中期才被历史学家发现。发现后，即刻震惊全球。这里有著名的"巨石头像"、人祭行为……奥尔梅克人创造的零的概念，为随后出现的所有中美洲文明奠基。奥尔梅克文明还可能是西半球第一个出现书写体系的文明，并可能发明了指南针和中美洲日历体系。

虽然和楼兰古国一样，对于奥尔梅克文明究竟是如何消亡的，学界还不能给出一个确切定论，但是已经有不少证据都指出，奥尔梅克文明的没落与火山爆发、地震等自然灾害有关。作为破坏力最强的自然灾害之一——地震，我们肯定不会陌生，与我们一衣带水的邻国日本，就是一个地震多发的岛国，由于它处于环太平洋火山地震带上，所以地震已经成为日本人生活中很常见的一种自然现象。我国在 1976 年的唐山大地震，2008 年的汶川地震，2013 年的雅安地震，都深深震动了全国人民，也为我们展示了地震的威力和破坏力，所以说，是地震灭亡了奥尔梅克文明也是十分可能的。

小链接

火山：火山被分为活火山、死火山和休眠火山。活火山是指现在尚在活动或周期性发生喷发活动的火山，这类火山正处于活动的旺盛时期。死火山是指史前曾发生过喷发，但有史以来一直未活动过的火山。此类火山已丧失了活动能力。休眠火山指有史以来曾经喷发过。但长期以来处于相对静止状态的火山。此类火山都保存有完好的火山锥形态，仍具有火山活动能力，或尚不能断定其已丧失火山活动能力。

地震：是地壳快速释放能量过程中造成振动，期间会产生地震波的一种自然现象。地震常常造成严重人员伤亡，能引起火灾、水灾、有毒气体泄漏、细菌及放射性物质扩散，还可能造成海啸、滑坡、崩塌、地裂缝等次生灾害。

师生互动

学生：既然地震是不能避免的自然现象，那么在地震发生时，我们应该注意些什么呢？

老师：首先最重要的一点就是不要惊慌，有很多例子都是：震级很小却造成伤亡，原因就是稍感晃动，就惊慌失措地通过窗户从高楼上跳下，因此造成的骨折摔伤甚至死亡的太多了。保证了情绪不要太过激动之后，就是有序且迅速地逃到空旷的地面，如果是从楼房内一定要走楼梯，不能乘坐电梯。如果实在是没有条件从高楼内逃出，一定要躲在所待的房间内墙角，或结实的桌面下；保护住自己的头，避免被掉落的物体砸坏。

勾股定理

◎智智在学校上数学课，老师在讲台上讲
解一个三角形。

◎老师指着黑板上画着的标出 a、b、c 的
大大的三角形。

◎智智挠挠头，举起手。

◎智智在黑板上写下一串公式。

历史渊源

　　在直角三角形中，两条直角边的平方和等于斜边的平方和。这就是我们常说到的勾股定理，中国古代数学家商高在《周髀算经》中早有记载，"勾三，股四，则弦五"。欧洲的科学家毕达哥拉斯在发现这个定理后，非常的兴奋，杀了百头牛来表示庆祝。因此，它又被称之为"百牛定理"。

在发现史上，普遍认为是毕达哥拉斯第一个发现了此规律。其实，就史料来记载，中国商朝的商高发现时间可能要更早于毕达哥拉斯。在中国的历史上，古人对它的研究证明其实早已开始。除了商高的《周髀算经》，另一本古时的数学著作《九章算术》中也有对它的记载和证明方法。

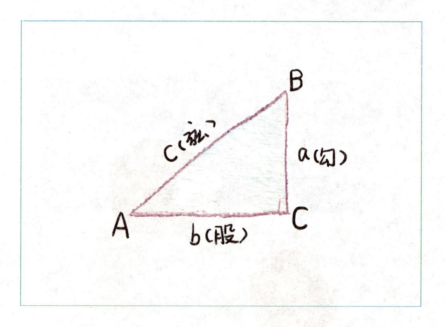

众所周知，数学是学习任何科学的理论基础。除却商高和毕达哥拉斯对它的研究证明外，也不乏有其他国家的能人异士投入到对它的研究和探索之中。

就古时的四大文明古国来说，埃及、巴比伦、印度也对这个问题做过细致地研究。埃及人也更是很早就研究出了它，把它称之为埃及金三角。

勾股定理的实际意义

数学源于生活，而生活中也会有很多的实际问题与数学有关。我们所说的勾股定理，它在实际生活中也能够为人们的生活提供一定的便利。

举一个最简单的例子，在家居装修中，工人需要去判断墙角是不是直角。只需要以墙角为支点量出两条直角边的距离，一边是 30 厘米，一边是 40 厘米。接下来，如果墙角是垂直的话，那么斜边的距离就应该是 50 厘米。这就是勾股定理实际操作的最好实例，3、4、5 就是一组最常见的勾股数。它是判断墙面是否是直角的最简单有效的作法。同时，如果我们需要制作直角的时候，也可以采用上述相似的办法进行操作。省时省力并且简单不出误差。

在古时也有这样一个故事，一户富商故意刁难穷人，如果他测出门前那棵大树的高度，那么当年的税收就可免去。参天大树想要量出高度，何其容易。然而穷人却高兴地答应了他的请求。在尺子的协助下成功地测出了大树的高度。其中运用的数学原理就是我们今天学习的勾股定理和比例尺。

古时还有一个应用勾股定理最为有名的古事，人物就是赫赫有名的大禹。传说大禹在治水的过程中，对频频引发的水害进行了详细地分析规划，最终使用了勾股定理的原理将江水按照地势高低划分引流。他的这一决断达到了有效抑制水患的作用。

勾股定理的证明方法

勾股定理可谓是史上证明方法最多的定理了，每一位数学家几乎都用了他自己的方法来证明了勾股定理。

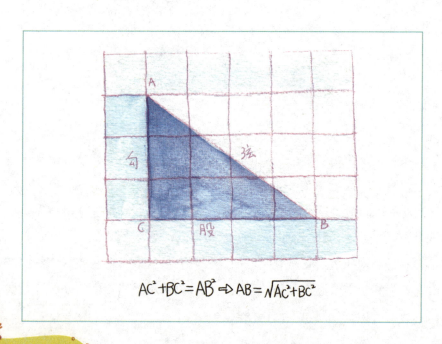

$$AC^2 + BC^2 = AB^2 \Rightarrow AB = \sqrt{AC^2 + BC^2}$$

最初的证明是分割型的，设 ab 为直角三角形的两条直角边长，C 为斜边。两个正方形的边长都是直角边长之和，即 A + B。将 A 分成六部分，将 B 分成五部分。由于这样均分的八个小直角三角形都是全等的。接下来采用等量换算的方法便可轻易地的得出结论。

欧几里得在《原本》中也有了一套他自己的证明方法。在证明过程中的几何作图非常美观大方，而被人们盛赞。

史上还有一位美国总统也对其做过证明，这个人就是加菲尔德。在年少时期，他就表现出来对数学浓厚的兴趣。他证明勾股定理的思路来自于梯形和直角三角形的面积公式。在求面积的过程中而导出勾股定理。这种证明方法与几何联系较为密切，其中蕴含的数学思想又较为简单，因此很受人们的喜爱。他的这种独特的证明方法也被发布在《新英格兰教育杂志》上。

小链接

加菲尔德：政治家、数学家、共和党人。是美国第二十任总统，在数学方面他发现了勾股定理的一种新型的证明方法。曾参加过南北战争。担任总统半年后遭到刺客的刺杀，刺杀他的原因也令人匪夷所思。该刺客觉得只要自己杀死了加菲尔德便会受到共和党人的青睐，从而谋得一官半职。最后，再同加菲尔德共同做礼拜的过程中将其刺杀。此时，加菲尔德就任总统仅半年时间。

师生互动

　　学生：老师，那勾股定理的证法到底有多少种呢？

　　老师：在已经出版的《毕达哥拉斯》命题中，已经收集了367 种对勾股定理的证明方法。然而随着时代的发展，这颗数学名珠越发地受人喜爱。越来越多的人使用新颖的方法给出证明。光是我们国家的数学家华蘅方就给出了 20 多种证明方法。也有资料统计称，对勾股定理的研究证明方法已经多达 500 种。

田忌赛马

◎智智上体育课要进行网球比赛。

◎智智被选为组长，要安排每局比赛上场的人的顺序。

◎智智的小队最终以2：1获得了胜利，大家都很开心。

◎智智对队友说。

田忌赛马

这个故事要追述至战国时期，齐威王要同将军田忌赛马，比赛分为三场。比赛用到的马匹都是从自己的马厩中挑选，齐威王的每一匹马都是要略胜于田忌的马匹的。

田忌还没开始赛马就觉得自己已经输了士气，根本不可能赢得了齐威王。这时，田忌的门客孙膑察觉到了田忌的心事。便对田忌说，"将军，我有一个方法能够使你赢得这场比赛。"

随后，孙膑将这个方法告诉了田忌，田忌听完后也大为赞赏决定使用孙膑的计策。比赛这一天，在第一场时，田忌的下等马对齐威王的上等马。齐威王轻而易举地获胜。第二场时，田忌用上等马对齐威王的中等马。这一场，齐威王的马跑得精疲力竭也仍然没有获胜。第三场时，田忌用中等马对齐威王的下等马，再一次轻松地赢得了比赛。三局两胜，田忌赢得了比赛的胜利。

纵观这场比赛，若论马匹齐威王的每一匹马都胜于田忌的马。然而，田忌的上等马一定优于齐威王的中等马。田忌的中等马也一定优于齐威王的下等马。孙膑正是巧妙地利用了这一点，最终赢得了胜利。这个流传了千百年的小故事，除了让我们看到田忌的聪明才智之外，其实这里面还蕴含着一个重要的数学思想——对策论。

什么是对策论

　　对策论又称之为博弈论，博弈论即是在比赛中应用的一种策略。它指的是在与对方进行比赛的过程中，在平等公正的基础上，对对方的对战策略及时做出最快的对抗策略。

　　对策论是由数学中发展出去的一支旁支，在数学、生物、军事策略中都有广泛的应用。博弈论的思想在古代就已经被古人应用，只不过他们的对弈是在小小的棋局或者牌局之中。并且他们也并未意识到，这个被他们发现的对策论。对策论最早可以从古时的兵法著作《孙子兵法》中查证。孙子兵法的内容即是与对方竞争中的反抗策略。

　　对策论的重要作用使得当代人也对它展开了孜孜不倦的研究，当代中研究对策论比较有名的有"三大家"和"四君子"。三大家包括约翰

·福布斯·纳什、约翰·C海萨尼、莱茵哈德·泽尔腾。四君子包括罗伯特·J·奥曼、肯·宾摩尔、戴维·科瑞普斯、阿里尔·鲁宾斯坦。其中三大家因为在研究对策论中的重要发现而获得了诺贝尔经济学奖。

在对策论中比较关键的因素有对弈者、先后顺序、对弈策略、最终的比赛结果。其中对弈者即是比赛的双方，因为有对弈者才有了对弈。然而在对弈的过程中最关键的就是对弈的策略，根据对方的策略来调节自己的对战策略。在调节对弈策略的过程中，先后顺序更是重中之重。然而对弈的最后结果才是最重要的。

除了这些影响对弈的关键因素，对弈也被分成两种。一种是合作对弈，即发生在对弈双方间存在着一个具有约束力的协议。另一种是非合作的博弈，即双方之间并没有存在具有约束力的协议。

对策论的重要意义就在于它将生活中的抽象问题应用数学模型解释。

对策论的应用

谈到对策论，除了田忌赛马之外还有另外一个小故事。这个故事讲述的也是博弈问题，即"囚徒困境"。两个犯罪嫌疑人在犯案之后被警察抓获，但他们被关在不同的房间里受审。

警察告诉他们，如果两个人都坦白的话，每一个人都会获得三年的刑期。如果两个人中有一个人坦白而另一个人拒绝坦白的话，坦白的将会获得释放。而另一个据不坦白的就会获得6年的刑期。如果两个人都坦白，每一个都会获得三年的刑期。

在这个案件中，其实就涉及了对策论。两个囚徒扮演着的就是对策者，而警察所提出的对策策略在囚徒这里就存在着一种最优策略。囚徒在对弈的过程中，在策略上一定会选择一种最优策略，然而在警察给出的策略选择的前提下，每一个囚徒在对弈的过程中因为对方的牵制而不得不将自身的利益放在第二位。这就是一个成功的对弈案例，因为对弈策略的限制囚徒选择服从整体利益。

在我们身边也有这样的对弈实例，譬如节假日时各家商场都会打出各种各样的优惠措施。商家之间就是对弈的双方。然而在对弈理论关键因素的约束下，这种对弈双方就存在着一种"纳什均衡"。竞争虽然如火如荼，但最终的利润正好是零。

小链接

孙膑：军事家孙武的后代。战国时期的军事家思想家，是著名的兵家代表人物。曾被其同窗庞涓陷害，处以膑刑。后孙膑装疯卖傻，消除了庞涓对他的疑虑。私下里秘密接见了齐国的使者，被齐国的使者偷偷带回了齐国。后成为齐国将军田忌的门客。在马岭之战中计杀庞涓。

　　学生：在平常的生活中还有没有类似的对弈行为了？

　　老师：讲一件简单的事。我们去买衣服，老板开价100元，我们听到这个之后自然要还价到50。老板听到之后自然不高兴，坚决表示非80不卖。最后我们经过一番协商后，把价格定位70。在一开始，双方都为了自己的最大利益，一个采取大幅度降价，一个捍卫价格达到自己的利益。但最终，70元使得双方都达到了利益最大化。在这样大的前提下，这就是他们最好的选择。

濒临灭绝的生物

◎妈妈带智智参观恐龙博物馆，智智指着
霸王龙模型很兴奋。

◎智智喝着杯中的可乐问妈妈。

◎智智和妈妈一起到动物园游玩，看到了
憨厚可爱的大熊猫。

◎智智指着玻璃墙内的大熊猫问妈妈。

曾经称霸地球的恐龙

　　从电影、书籍，甚至是博物馆或者游乐场，经常都会发看见一种庞大而又长相凶狠的动物——恐龙。这个曾经称霸地球的物种，如今也只能以化石的形象展现在人们面前。

　　电影中曾经有现代人穿越到侏罗纪时期的桥段，这在一定程度上满足了人类，这个今日地球霸主无法与曾经那个地球霸主交手切磋的愿

望。虽然恐龙已经灭绝了几亿年，但毫不影响它对人类的影响，流行语中的"恐龙"、比喻坚硬无比的"恐龙蛋"等等都在生活中随处可见。

但是关于恐龙是如何灭绝的，这并没有统一的定论，对于恐龙究竟是怎样从昔日地球霸主一夜之间消失的，无数人对此进行过猜想。

有陨石撞击说、造山运动说、气候变化说、海洋退潮说、火山爆发说、温血动物说、哺乳进化说、受挫理论、骤变理论和变化理论等等不计其数的说法，但来自中国的古生物学和物理家黎阳，他在 2009 年于耶鲁大学发表的论文引起国际古生物学界的极大轰动。他和他的中国团队在 6534.83 万年前的希克苏鲁伯陨石坑 K－T 线地层中发现了高浓度的铱，铱在其中的含量超过了正常含量的 232 倍。如此高浓度的铱，在地球本身的自然制造中是不可能存在的，只有在太空中的陨石中才能够找到。经过在墨西哥湾周围检测的铱元素含量精准数值，得出一个结论——小行星不仅撞击了地球的中美洲地区，还将地壳撞破了，因此地球停转 0.2 秒，然后引起了地球上从来没有发生过的大地震。数以千万吨的灰尘与有毒物质在之后的一个月间波及全球。此后的四个多月中，太阳对于地球来说只是一个模糊的影子，植物停止了生长，导致食草动物锐减，短缺的食物、污浊的空气、肆虐的疾病无不摧残着幸存下来的恐龙。由于尘土的遮盖，地球上又面临着寒冷的侵袭。也许寒冷并不是最严重的问题，但是，要知道，有那么一些动物的性别是由温度决定的，而恐龙正是其中之一。寒冷使恐龙的性别趋同，因此便无法繁衍后代，最终造成此次生物的大灭绝。

或许有人会质疑，如今这个时代，研究上亿年前的事情究竟有什么意义？但是你要知道，人类现在处于和恐龙曾经同等的霸主地位，恐龙那样突然地消失灭绝，这难道对人类没有任何意义吗？

华南虎事件

华南虎又称"中国虎"，是中国特有的、历史最悠久的虎种，可以说是所有老虎的鼻祖。华南虎自古便生活在中国中南部。此类虎种有辨识度极高的特点：头圆，耳短，四肢粗大有力，尾较长，胸腹部杂有较多的乳白色，通体橙黄并布满黑色的横纹。

目前在全国只是16家动物园内有华南虎，而野生华南虎已经销声匿迹许久。但在2007年，陕西安康市下的一个农民周正龙，却声称拍到了野生华南虎。这个消息震惊了全国，因为这意味着野生华南虎并没有灭绝，然而经过无数专家的调查和研究，发现周正龙所拍摄的那张照片是他伪造的。那么，野生华南虎是否已经灭绝了？

如今，野生华南虎存在的可能性已经微乎其微，很多专家都认为，华南虎已于野外灭绝。截至2010年10月，全世界人工饲养的华南虎数量共有110只左右。

但就其灭绝的原因，很大程度上是人祸，而并不是恐龙那样的天灾。在建国初期，野生华南虎的数量还有4000多头，是当时中国数量最多的虎，数量超过了中国其他三种虎（印支虎、东北虎、孟加拉虎）的总和。经过20世纪50年代和60年代持续进行的大规模捕杀，当时，政府宣布华南虎为"四害"之一，除虎如同剿匪，大打人民战争，还组织专门的打虎队，由解放军和民兵协同作战，赶尽杀绝。

失而复现的水杉

水杉是杉科落叶乔木，高30~40米，挺拔的主干，横伸的侧枝，上短下长，枝丫层层舒展，仿若塔顶。叶子扁平呈线形，在小枝左右两侧分生着。水杉还有一个很有意思的特性，那就是叶子能够随季节更替而改变自身的颜色：春天，嫩绿；夏天，翠绿，青绿可爱；秋天，变黄，宛如金塔；冬天，变红，霜打霜落后更红，最后凋落。

在 60 多年前，几乎所有人都认定，水杉早已在地球上灭绝，只有通过在古代时掩埋在地层中的化石才能知道它的模样。

而 40 年代初，我国学者于四川万县磨刀溪首次发现了几棵奇树，它们高达 30 多米，胸径 7 米多，树干笔直入天，根部繁复庞大，苍劲参天，测定后发现树龄已经有 400 多年。由于当时缺乏资料，还未能做出鉴定。1941 年以后的两年间，生物学家根据这种树的枝叶、花和种子标本进行鉴定研究，最后定名为水杉。这是远古水杉属的孑遗，我国独有。

水杉不但是珍贵的活化石，树中佼佼者，不仅如此，它还有很强的生命力和广泛的适应性，是优良的绿色树种。因它的木材是紫红色的，既细密又轻软，经济价值很高，是建筑、造纸、造船和制作家具、农具的好材料，是我国 I 级保护植物。

小链接

铱：化学元素，原子序数 77，元素名来源于拉丁文，原意是"彩虹"。铱在地壳中的含量为千万分之一，常与铂系元素一起分散于冲积矿床和砂积矿床的各种矿石中。

师生互动

学生：我知道"国宝"熊猫是一种濒临灭绝的动物，除了这个之外还有那些动物是濒临灭绝的呢？

老师：其实有很多堪称国宝、国鸟的动物挣扎在灭绝的边缘，我们大家很熟悉的扬子鳄、藏羚羊、麋鹿、黑颈鹤、金丝猴、白鳍豚、朱□等等太多了。所以为了避免在十年二十年之后，即使在保护区也看不到这些可爱的动物，我们一定要保护好它们，不可以因为一些物质利益就去猎杀、捕杀，同时也要守护好我们生活的自然环境。这样，人类与动植物和谐共存，才是一种美好的局面。

生命之水

◎智智绕着操场跑步。

◎大汗淋漓的智智迅速将一瓶水一饮
而尽。

◎智智回到家马上到浴室洗了个凉水澡。

◎在厨房做饭的妈妈为智智端来一盘切好
的西瓜。

用数字来告诉你水有多珍贵

　　地球上的水分布面积较为广泛，垂直分布存在于大气圈、生物圈、岩石圈之中，数量非常丰富。地球因此也被称之为"水之行星"。水的总量约为14亿立方公里，然而这么多的水并不全部能够被使用。人类能够使用的就是淡水部分。而这所有的水含量中海水的含量又占百分之九十七点三，淡水却只占2.7%，淡水资源中冰山熔水又占了百分之七十左右。而在生活中便于取用的淡水基本上以河水和地下水居多，而这一部分的水也仅仅只占总水量的百分之二。

水可谓是真正的生命之源。它孕育和繁衍生命，哪里有水哪里就有生命体。科学家们在外星球进行探索的过程中，是否有水也成了检验生命体的一个标准。在对人体进行研究的过程中，我们还发现身体内部的水分达到体重的百分之六十左右。脑髓含水百分之七十五，血液含水百分之八十三，肌肉含水百分之七十六。

构成人体基本组织的细胞含水量更是最大，水的存在能够维持细胞的形态促使细胞进行正常的生理活动。体外的营养物质也只有经过水的溶解才能够被人体吸收，而体内的废弃物和多余的盐分又要借助水排出体外。

在人体进行新陈代谢的过程中，水是良好的溶剂，反应物在水中先被离子化在酶的作用下进行生化反应。体内的生化反应包括水合、加

成、水解、氧化还原等。

除了进行体内的生化反应，细胞内液也需要维持自身的酸碱平衡。而维持细胞内液的酸碱平衡，水起着不可或缺的地位。

我国的水资源现状

我国的水资源总量约为 28124 亿立方米。地下水约占 8700 亿立方米，河川每年的径流量达到 27115 亿立方米。水资源的储量在世界上仅占第六位，由于人口众多，人均仅占有 2500 立方米。而世界人均占水量都达到了 10000 立方米，我国仅仅达到了四分之一的水平。不但人均占水量较少，而且水资源在我国的分布非常不合理。耕地与含水量并不能成正比，譬如，长江以北拥有大量的耕地面积，含水量却只占全国的百分之十八。

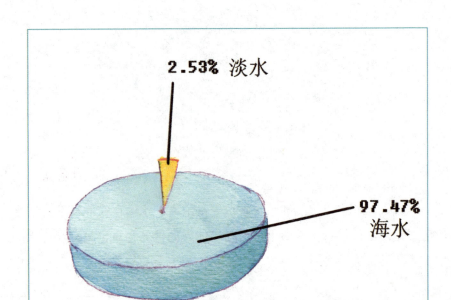

2.53% 淡水

97.47% 海水

含水量分布不均匀，而且水污染极其严重。就我国的水污染来看，造成污染的主要原因来自于企业的工业污水排放。工业污水的排放方面，许多的化工类或重工业企业，在对废水进行排放的过程中水质可能未达到标准就直接向就近的湖海排放。而这样一来，就会形成大量的水污染事件。水污染不仅影响水资源，而且在供水过程中也会为我们带来众多的不便。譬如十大水污染事件中的太湖水污染事件。

水质的分布不均还有污染最终导致了中国仍然有部分的人喝的饮用水是不卫生的。而这其中有统计的数据显示，约有 3 亿多人饮用水不安全，1.9 亿人饮用水中含有有害物质，农村仍然有 6300 万人饮用水中重金属严重超标。

若不是清晰的数字统计，可能大家都不会清楚我国的水资源的真实现状。

如何珍惜水资源

相信大家都还记得很早之前的那个公益广告，人类若是不珍惜水资源，那么最后一滴水就是人自己的眼泪。

相信珍惜水资源，大家每个人都有这样的意愿。但到底该怎么样去珍惜水资源，今天就让我们从身边的小事着手用数字统计整理比对的办法，使你明白哪一种珍惜水资源的方式安全又可靠，并且真正的操作简单。

你可能并不知道你随手扔进湖里的一粒纽扣电池，它会将 600 吨的水污染，里面所含有的重金属物质对湖水的伤害是我们不能想象的。

家中洗手的过程中，用洗手液或者肥皂的时候，记得将水龙头拧上。

洗完衣服的水，可以用来冲厕所；淘完米的水，可以用来浇花，不仅节约了水资源，还为花提供了营养肥料，一箭双雕。

小链接

酶：存在于细胞内部，参与人体的新陈代谢，在生化反应中充当着催化剂的作用。本质是蛋白质。在细胞体内存在着多种多样的酶，催化效率高，专一性强。人体内酶越多，就预示着体内的生化反应越激烈，人的身体越健康。反之，缺酶会影响人的身体健康。

师生互动

学生：水资源在全国分配不均，主要的原因是什么呢？

老师：水资源东西南北分配不均的原因，主要是地理地貌的差异。南方的江河湖海比北方多，而且南方温度较高，蒸发量较大，与海洋水汽循环频率也比北方大，所以南方的降水量也比较大。

学生：那就是说北方比南方更缺水了？

老师：并不是这样，北方是属于资源型缺水，而南方属于水质型缺水。

有趣的数学故事

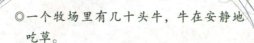

◎一个牧场里有几十头牛，牛在安静地
吃草。

◎一个笼子里关着若干只兔子和若干
只鸡。

◎工厂里的一个水池边上有两根水管，一
根粗一根细。

◎一辆货车满载一车货物行驶着。

钱到哪里去了

　　有三个人去住旅店，一晚上30元。于是三个人每人交了10元给老板。正在这时，老板对他们说，"今天恰逢旅店打折，只需要25元钱就可以住宿！"老板将30元里多出的5元钱交给服务员，让他将钱退还给三个住店的人。服务员在给钱的过程中藏起来2元钱，给每个人退还了一元钱。

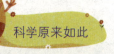

从开始每个人用了 10 元钱，后来又退还了 1 元。这样事实上每个人花了 9 元钱，三个人每个人 9 元钱，就是 27 元钱。27 元钱加上之前服务员偷偷地藏起来的 2 元钱就是 29 元。那么还剩下的 1 元钱去了哪里？

这就是一道很有趣的数学故事，初看这道题你可能也会一头雾水。照他所说的，我们确实少了一元钱。可是事实上是不是真的如此。

这道题中，存在着一个巨大的陷阱。29 这个数字就是用来迷惑我们的。三个人中每人付出的 9 元是 27 元，这 27 元里有 25 元给了旅店老板。正好 27 元减去 25 元之后剩下了 2 元，而这两元才是被服务生藏起来的钱。那个 29 其实不过是个迷惑我们的幌子。我们之所以被迷惑是因为顺着他的思路往下走的过程中，29 和 30 之间存在着 1 的差价。这在数学里，其实就是偷换概念的意思。他将已经在 27 里的数又重新加了一遍。这个 27 元里已经包含了被私藏的两元钱。

数学上的偷换概念也曾经被我们的周总理使用过，周总理在出席外国的记者招待会时，有一个北美的记者曾经提过几个故意刁难的问题，"您一个 62 岁的人，看起来气色这么好，您是按照什么样的方式生活的？"记者的本意并不在于关心周总理的身体状况，而是因为当时的中国处在贫困时期，周总理是不是在生活方面特殊化。周总理自然明白了他的用意，答道，"我是东方人自然按照东方人的生活方式生活。"他的回答立即引得了满堂喝彩。有另外一位记者又问，"在你们中国，人走的路为什么叫做'马路'？"周总理立刻风趣地回答，"我们走的是马克思主义的道路，因此简称马路。"

周总理的机智回答其实就是偷换概念。他成功地运用了数学理论中的概念兑换为祖国和人民赢得了尊重。

店主损失了多少钱

某一天，有个年轻人来到鞋店买鞋。他看中了一双鞋子，店主告诉他这双鞋 21 元钱。于是年轻人掏出了口袋里的 50 元钱买这双鞋。老板找不开这张 50 元钱，到街坊处换开了这张 50 元钱。把剩余的钱找给了年轻人。但在年轻人走后不久，街坊发现这张 50 元是假的。街坊来找鞋店老板，鞋店老板无奈之下又还给了街坊 50 元钱。鞋子的成本是 15 元，老板又赔给了街坊 50 元钱，最后老板到底损失了多少钱？

其实这道题的答案也非常的简单，就是 44 元。老板最后损失的钱就是 15 加上 29 元即可。这道题中人们往往容易被邻居的 50 元钱所迷惑，其实这 50 元钱并不是本题的关键。他损失的就是最后找给年轻人的 29 元钱和 15 元钱的鞋子成本。

蕴含在这道数学题的背后，不过是对内容的精简，去繁留简，于那些烦琐的光环下真正找到对解题有力的因素。

高斯小时候的故事

数学家高斯在读小学的时候，某天上课的时候，老师故意为难出了一道数学题给他们。并且告诉他们，谁要是做不出来这道数学题，中午就不要回家了。老师将题目写在黑板上，"1＋2＋3＋4＋5＋……＋97＋98＋99＋100＝?"看到这个问题，所有的小朋友都开始埋头苦算。

看这个状况，老师觉得即使是下课了这些孩子也算不完。可没过不久，聪明的高斯就来到了老师的面前。老师看到高斯过来，心里不高兴觉得这孩子怎么不跟其他孩子一样埋头苦算呢！老师正要发怒，高斯微笑着说，"老师，我算出来了！"老师惊讶地听着高斯说出的答案，询问他怎么这么快算出了答案。高斯说出了他的计算方法，老师出的题目中，1＋100＝101，2＋99＝101，3＋98＝101，首尾相加都等于101，总共有 100 个 101 相加，但算式重复了两次，除以 2 之后就得到答案 5050。

高斯算这道题的方法就是数学里的等差级数求和法。而讲授这种方法的理论在高中时期才会学习。高斯在没有人教授的情况下，小学时期就学会了用这种方法解答问题。他的数学天赋由此可见。

小链接

　　高斯：德国数学家是近代科学的奠基人，在科学领域，他的地位堪比阿基米德、牛顿。在哥延根大学学习期间，高斯发表了一篇非常重要的著作《正十七边形尺规作图的理论与方法》，奠定了他的数学地位。

师生互动

学生：还有没有这样有趣的数学问题？

老师：有个人去买葱，卖葱的人告诉他，"1块钱1斤。"卖葱的人又补充道，"葱白7毛，葱绿3毛。"卖葱的人称了50斤葱白，50斤葱绿，最后给了卖葱的人50元钱。钱给完之后，卖葱的人不明白了，我的100斤葱要卖100元，怎么现在才给了50元钱就买走了。你来帮他解决一下这道题吧！

潜藏的能力

◎一个课堂上，老师问学生问题。

◎学生们全都摇头。

◎老师严肃地再次问他们。

◎学生们迟疑了一阵，后异口同声地坚定

　地回答。

大脑是一座真正的宝库

　　人的大脑结构复杂，包括端脑和间脑，端脑又包括我们常说的左右大脑半球。约由 140 亿个细胞构成的端脑，重约 1.4 千克，大脑皮层厚度约为 2~3 毫米，若将它们整个摊开总面积约为 2200 平方厘米，据估计，每天要死亡的脑细胞约为 10 万个（越是不用脑，脑细胞死亡越多）。一个人脑储存信息的容量相当于 1 万座藏书量为 1000 万册的图书馆。

大脑的左右半球分工不同。大脑的左半球负责调解和发挥平衡、免疫、概念、行动、数字、分析、逻辑、推理等功能。而大脑的右半球主要负责语速、语言（因为语速比左脑快些再加上其他右脑功能配合，所以右脑适合声乐）、图像、音乐、绘画、空间几何、想象、综合等功能。一般来说，左脑更理性更具逻辑能力，而右脑更感性更具艺术感受力。

除此之外，脑科学家们公认，人的大脑的利用率极低，仍有大量的潜力可挖。

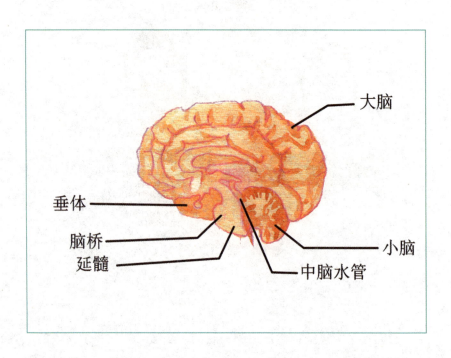

据报道称，不久前，在人的大脑内，美国加利福尼亚大学的布鲁斯·米勒博士成功地发现了"天才按钮"。米勒在自己的实验室里对72名因各种原因使大脑受到过损伤的病人进行研究，并发现了一个惊人的规律——一旦人的右颞下受过伤，就有可能成为某个领域的天才。比如，在部分大脑受损后一名 9 岁的男孩竟成了一名力学专家；还有一位，大脑右半球皮质的部分神经元因病受到损伤的 56 岁的工程师，这次伤病激发了他的绘画天分，使他成了一位大画家。米勒博士认为造成这种结果的原因是由于受损神经元坏死后，被压抑了许久的大脑"天才区"中的天分被释放出来。

而连接大脑左右半球的胼胝体具有信息沟通的功能，因为它左右半球才能交换信息。曾经有一个病人被癫痫病折磨难耐，科学家们决定切除其胼胝体，一来也许可以解决患者的痛苦，二来也可以研究一下胼胝体对大脑究竟有何作用。结果在切除之后，患者的病痛减轻了，但在随后的跟踪观察中发现，患者的两个大脑半球互不干涉，各自为营，完全不知道对方在干什么。也就是说，患者在使用大脑左半球的时候，却不知道自己的右脑得到了什么样的信息。

应急时的潜力

曾经看过这样一则报道，一个在楼下的母亲当看到自己的孩子从 6 楼的窗户上坠落，她就以超越百米飞人的速度跑到窗口正下方将自己的孩子接住，虽然她的手臂骨折，但幸运的是孩子并没有受伤。

相似的例子还有一则，是在 2008 年的汶川地震发生过程中，一辆正在行驶的车被从山坡上滚落的巨石砸中，一位母亲被救援人员救出后，想起来车内还有自己的孩子。但是此时有巨石从山体不断滚落，救援人员希望这位母亲迅速离开这个危险的地方，逃到安全地带。但是母亲为了自己的孩子不肯离去，她自己一个人在之前根本不可能将一辆车抬起，可在救援人员都放弃了的情况下，这位母亲毅然决然地走到车前，双臂一抬，在场所有的人都被深深震撼了，这位母亲将一辆重量上吨的轿车徒手抬起来了！还好救援人员眼疾手快，迅速将被压在车下的孩子救了出来。看到自己的孩子已经得救，这位母亲才脱力地松开手，然后就虚脱地倒在路旁。

这些例子讲的都是人在极度紧急的情况下，所爆发出的超越平时的潜能。这也能够充分说明，再人体内始终都潜藏着一些能力，只有在得到一定的刺激时才会发挥出来。

每个人都具备的 5 个潜能：

1. 身体潜能：躯体拥有自身的潜能。不论是演员、舞者，还是运动选手，只要是靠体力工作的人都了解这一点。经常锻炼就可以增强身体的潜能。为了使身体保持灵活，应该经常跳跳舞或者练练瑜伽，多吃健康的食品。若要使运动成为习惯，有 21 天就足够了。

2. 感觉潜能：我们的鼻子有 500 万个嗅觉感受器，我们的眼睛可以辨别 800 万种色彩。在日常生活中，我们应该尽可能把人体内 5 种潜在的丰富的感觉能力充分发挥。可以经常进行有意识地锻炼。在日常生活中，时不时地用耳朵去分辨大自然的声音，听各种鸟欢快清脆的叫声、舒缓轻柔的风声等。并穿材质柔软舒适的衣服，等等。

3. 计算潜能：许多人认为，计算能力是一种天才型的禀赋。这种看法是错误的。其实每个人都具备计算能力。但这种能力却需要被激发出来。伟大的数学天才是怎样锻炼自己能力的呢？他们普遍在用计算机计算之前，先用脑子计算。我们不妨经常进行例如工作占用多少时间、同家人在一起的时间是多少、睡觉和学习又用去了多少时间等等这样的计算。在日常生活中多注意数字。比如在逛超市时数数每个货架上的咖啡罐数？目测自己的购物车里有多少件商品？

4. 空间潜能：空间才能就是看地图、组合各种形式以及使自己的身体正确通过空间的能力。如此看来，现实生活中很多人都是"路痴"，大概就是空间才能的缺失，而舒马赫却是一位十分著名的空间天才。他能够驾驶时速为 300 公里的法拉利赛车在赛车道上灵活地穿行于其他 F1 赛车之间；因为在脑中将城市的情况储存完毕，伦敦汽车司机的脑子随着开车时间增加而越来越快。

5. 文字表达潜能：许多人在书写时用 1000 个单词，在说话时用 1100 个单词，并懂得 5000 个单词的意思。莎士比亚就是文字表达天才的典范。他在 37 部戏剧和 154 部作品中使用了 2.5 万个不同的词汇。我们想要激发文字表达的潜能，在开始时掌握 1000 个单词，哪怕每天只增加一个新的单词，那么在一年后我们文字表达能力就会提高 40%。最好的办法就是多看书、多练习写作。

计算潜能

文字表达能力

语言组织能力

小链接

F1：英文"Formula one World Championship"的简写，中文名称为"一级方程式世界锦标赛"，又称"F1 大奖赛"。

　　学生：如果想去通过做极限运动来开发自身的潜能，应该怎么办呢？

　　老师：要想达到身体健康的极限，必须具备良好的心理素质。稳定的人格，没有偏激、猜疑，拥有积极向上的生活和心态，都是开发人体潜在力量的前提。只有积极开发人的心理潜能，才能带动生理潜能的共同开发。但是极限运动并不适合每一个人，还是需要根据自身情况来进行选择，选择前应先咨询一下医生，做必要的身体检查。

0 的发现

◎智智在考试前夜还在玩电脑游戏。

◎智智在考场看着试卷，疲惫地睡着了。

◎智智看到试卷上的成绩，一个大大的0触目惊心。

◎智智垂头丧气，妈妈安慰他。

0 的历史

　　0 是极为重要的数字，在约公元 5 世纪时古印度人发明了 0 这个数字，印度最古老的文献《吠陀》中，已经有 "0" 的应用，在当时的印度，0 代表 "空的位置"。印度约在 6 世纪初开始使用命位记数法。7 世纪初印度数学家葛拉夫·玛格蒲达率先提出 0 的 0 是 0，0 加上或减去任何数得任何数。可遗憾的是，他并未提到用命位记数法来进行计算。也有的学者认为，是因为印度佛教中存在着"绝对无"这一哲学思想，0 的概念才在印度产生并得以发展。公元 733 年，印度一位天文学家在访问现伊拉克首都巴格达时，将印度的这种记数法介绍给了阿拉伯人，这种方法十分简便易行，不久便将在此之前的阿拉伯数字取代了。

在东方国家中，数学是以运算为主。而西方国家在当时是以几何为主，并提出"印度人的 9 个数字，加上阿拉伯人发明的 0 符号便可以写出所有数字"的观点。由于宗教原因，在最初将 0 这个符号引入西方时，曾引起了西方人的困惑，因当时西方人都认为凡是数就都为正数，而且 0 这个数字会使许多逻辑与算式无法成立，如除以 0。甚至有人认为 0 是魔鬼数字，而将其禁用。直至约公元 15、16 世纪，0 与负数才逐渐被西方人所认同，才使西方数学快速蓬勃地发展。

0 的逸事

大约在 1500 年前，欧洲的数学家们是不知道用世上存在"0"这个数字的。那时，罗马有一位学者从印度计数法中发现了"0"这个符号。他发觉到因为有了"0"，在进行数学运算时十分方便。他激动地将印度人使用"0"的方法向其他人介绍。这件事不久就被罗马教皇知道了。

当时，教会的势力大得已经远远超过了皇帝。教皇震怒，他斥责说，神圣的数字是由伟大的上帝创造的，"0"这个怪物并不在上帝创造的数字里。如今谁要使用它，谁就是亵渎上帝！于是，他下令把那位学者抓了起来，并对他施行了拶（zǎn）刑，使他再也不能握笔写字提笔运算。就这样，"0"在那位教皇的命令下被禁止了。

众所周知，在后来，"0"在欧洲被广泛使用，而罗马数字却逐渐被淘汰了。

0 在中国

说起"0"的出现，应该指出，我国古代文字中，"零"字出现很早。不过那时它不表示"空无所有"，而只表示"零碎"、"不多"的意思。如"零头"、"零星"、"零丁"。"一百零七"的意思是：在一百之外，还有一个零头七。

随着阿拉数字的引进。"107"恰恰读作"一百零七","零"字与"0"恰好对应,"零"也就具有了"0"的含义。0在我国古代叫做金元数字,意即极为珍贵的数字。

同时在我国0或者零还有一种十分特殊的表达方式——〇,表示数的空位,用于数字中,基本上用于表示页码或年代,比如一〇四页或者一八九〇年。

小链接

《吠陀》:又译为韦达经、韦陀经、围陀经等,是婆罗门教和现代的印度教最重要和最根本的经典。它是印度最古老的文献材料,主要文体是赞美诗、祈祷文和咒语,是印度人世代口口相传、长年累月结集而成的。"吠陀"的意思是"知识"、"启示"的意思。用古梵文写成,是印度宗教、哲学及文学之基础。

师生互动

学生:0真的是一个很神奇的数字,但从数学上来说,0在除法运算中是不能做除数的,这到底是因为什么呢?

老师:其实0不能做除数,有数学和物理两方面原因,今天我就来解释数学原因好了。单就数学,原因有二:其一就是如果除数(分母、后项)是0,被除数是非零自然数时,商不存在。这是由于任何数乘0都不会得出非零自然数。其二是,如果被除数除数(分母、后项)都等于0,在这种情况下,商不唯一,可以是任何数。这是由于任何数乘0都等于0。

神奇的二进制

◎智智的表哥暑假从大学回来，到智智家串门。

◎智智和表哥在客厅聊天，妈妈端来一盘水果。

◎智智好奇地问表哥。

◎表哥从包中抽出一本教科书，智智打开全是由1和0构成的编码。

二进制的发明产生

有一份弥足珍贵的手稿，保存在德国图灵根著名的郭塔王宫图书馆中，其标题为："1 与 0，一切数字的神奇渊源。这是造物的秘密美妙的典范，因为，一切无非都来自上帝。"这是莱布尼茨——德国天才大师的手迹。

　　莱布尼茨不仅发明了二进制，而且赋予了它宗教的内涵。他在写给当时在中国传教的法国耶稣士会牧师布维的信中说："第一天的伊始是1，也就是上帝。第二天的伊始是2……到了第七天，一切都有了。所以，这最后的一天也是最完美的。因为，此时世间的一切都已经被创造出来了。因此它被写作'7'，也就是'111'（二进制中的111等于十进制的7），而且不包含0。只有当我们仅仅用0和1来表达这个数字时，才能理解，为什么第七天才最完美，为什么7是神圣的数字。特别值得注意的是它（第七天）的特征（写作二进制的111）与三位一体的关联。"

　　布维是一位汉学大师，在17、18世纪欧洲学界曾掀起了一阵中国热，而产生这场热潮最重要的原因之一便是布维对中国的介绍。布维与莱布尼茨是十分要好的朋友，并一直与他保持着频繁的书信往来。莱布尼茨曾将布维很多的文章翻译成德文，在德国发表刊行。而恰恰是因为布维的介绍，使莱布尼茨了解了《周易》和八卦的系统，并明白《周易》在中国文化中的权威地位。

八卦是由八个符号构成的占卜系统，而这些符号分为连续的与间断的横线两种。这两个后来被称为"阴"、"阳"的符号，在莱布尼茨眼中，这两种符号就是他的二进制在中国的翻版，但其实是中国阴阳太极影响了莱布尼茨，只不过他为此付出了诸多研究，进而推演出二进制。他感受到这个古老中国文化中深奥的符号系统与他的二进制之间的关系实在太过明显，因此断言：二进制乃是具有世界普遍性的、最完美的逻辑语言。

另一个可能引起莱布尼茨对八卦的兴趣的人是坦泽尔，坦泽尔是当时图灵根大公爵硬币珍藏室的领导，也是莱布尼茨的好友之一。

二进制的算法

二进制数据的运算方法和十进制的运算规律很相似，比较常用的是加法和乘法。二进制只要满足"逢 2 进 1"的规律就能够轻松做简单的计算。比如二进制的加法，很简单的 $0 + 0 = 0$，$0 + 1 = 1$，$1 + 0 = 1$，如果是 $1 + 1$，在十进制中 $1 + 1 = 2$，而"2"则符合"逢 2 进 1"，那么二进制中，$1 + 1 = 10$。减法也是一样，$0 - 0 = 0$，$1 - 0 = 1$，$1 - 1 = 0$，和十进制不一样的就是 $10 - 1 = 1$。相当于十进制中的 $2 - 1 = 1$。如果掌握了加法和减法，乘法就更加简单了，无外乎 $1 \times 1 = 1$，$1 \times 0 = 0$，$0 \times 0 = 0$……除法的话就是 $1 \div 1 = 1$，$0 \div 1 = 1$。简单的二进制运算方法中除了加减乘除外，还有一种称为"二进制拈加法"，拈加法运算与进行加法类似，但不需要做进位。此算法在博弈论中被广泛利用。

二进制与《易经》的联系

　　老子说，道生一，一生二，二生三，三生万物，万物负阴而抱阳，冲气以为和。《易经》利用阴阳创造万物的基本思想与过程，就是这段话的根本所指。而在现代计算机所应用的原理，正是《易经》中的"宇宙创造万物"的阴阳原理。具体来讲，《易经》八卦的生成，与上述的二进制原理极其相似。

前面是2进制，后面是十进制

　　莱布尼茨对法国人帕斯卡设计的世界上第一台机械式数字计算机——加法机很感兴趣，因此也对计算机进行研究。1679 年，他撰写了一篇题为《二进算术》的论文，对二进制进行了充分的讨论，并对二进制的表示及运算建立了一套系统。这是西方第一篇关于二进位制的文章，莱布尼茨发表于《皇家科学院纪录》，标题为《二进制算术的解说》，副标题为"它只用 0 和 1，并论述其用途以及伏羲氏所使用的古代中国数字的意义"。自此，二进制开始进入公众视线。1716 年，他又发表了《论中国的哲学》一文，专门用来讨论八卦与二进制的关系，并指出二进制与八卦的共同之处。

虽然很多人都认为《易经》并非研究数学的经典，但无需辩驳，莱布尼茨在他的有关二进制的论文发表前，的的确确接触过《易经》八卦图。退一万步说，即使是上帝有意安排了这种空前绝后的巧合与诡妙的奇迹，我们也可更换角度来看，就是将《易经》这部经典文本看作它具有一种开放性，后人对它可以做出合乎内在逻辑的各种理解和阐释。在这种解释学的立场下，我们没必要否认用二进制解释《易经》八卦图的合理性，也没必要对《易经》中所蕴含的二进制原理说法持否定态度。

小链接

《易经》：中国儒家经典之一，分《经》、《传》两部分，《经》据传为周文王所作，由卦、爻两种符号重叠演成 64 卦、384 爻，依据卦象推测吉凶。今本《易经》通过释经表达哲学观点，包含世界观、伦理学说和丰富的朴素辩证法，从而在中国哲学史上占有重要地位。

八卦：我国古代的一套有象征意义的符号。用"－"代表阳，用"－－"代表阴。用三个这样的符号组成八种形式，叫做八卦。每一卦形式代表一定的事物。八卦互相搭配又得六十四卦，用来象征各种自然现象和人事现象。后来用来占卜。

莱布尼茨：戈特弗里德·威廉·莱布尼茨（1646 年－1716 年），德国哲学家、数学家。涉及的领域及法学、力学、光学、语言学等 40 多个范畴，被誉为十七世纪的亚里士多德。和牛顿先后独立发明了微积分。

师生互动

　　学生：二进制和十进制之间怎样进行转换呢？

　　老师：二进制转十进制，通用的是"按权展开求和"，个位上的数字的次数是0，十位上的数字的次数是1……依次递增，而十分位的数字的次数是−1，百分位上数字的次数是−2……依次递减。但需要注意的是，不是任何一个十进制小数都能转换成有限位的二进制数。十进制整数转二进制，是采用"除以2取余，逆序排列"，即常说的"除二取余法"。

那些年轻的数学家

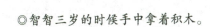

◎智智三岁的时候手中拿着积木。

◎智智五岁时吃一块蛋糕。

◎智智七岁时拿着麦克风唱歌。

◎智智九岁时拿着圆规和尺子，戴着爸爸的眼镜。

欧洲最大的数学家

拉格朗日在青年时代时，便因数学家雷维里的教导，而喜爱上了几何学。17 岁的他在读过英国天文学家哈雷用以介绍牛顿微积分成就的《论分析方法的优点》后，深信到"分析才是自己最热爱的学科"，从此他深深为数学分析着迷，开始专攻数学分析。

拉格朗日在 18 岁时，第一篇用意大利语写就的论文诞生，是用牛顿二项式定理处理两函数乘积的高阶微商，之后他迅速又将论文用拉丁语写了一遍，寄给在当时柏林科学院任职的数学家欧拉。他虽然在不久之后知道，莱布尼茨早在半个世纪前就得出了这一结论。但这"不幸"的开端并没有摧毁拉格朗日的信心，反而更加坚定了他投身数学分析领域的信念。

1755 年，当拉格朗日 19 岁时，他用欧拉的结果和思路作为依据，用来探讨数学难题"等周问题"，在讨论的过程中，他用纯分析的方法求变分极值。于是第一篇正式的论文——《极大和极小的方法研究》，在欧拉所开创的变分法的基础上做出了跨越式的发展，为变分法的理论奠基。变分法的创立，使拉格朗日在都灵瞬间家喻户晓，并使 19 岁的他成为了都灵皇家炮兵学校的教授，成为被欧洲学界公认的超一流的数学家。

拉格朗日是天才型的数学家，在年轻时就取得了别人穷其一生都无法获得的极大的成就。近百年来，许多数学领域的新成就都可以直接或间接地于拉格朗日的学术研究溯源。所以他在数学史上被认为是对数学分析的发展产生全面影响的数学家之一。

哥德巴赫猜想

将近 40 年前，一篇报告文学轰动全中国，而那篇作品的名字叫做《哥德巴赫猜想》，正是这篇报告文学使得陈景润，这个数学奇才在一夜间声名大噪。1973 年，他发表的论文《大偶数表为一个素数与不超过两个素数乘积之和》（即"1 + 2"），将人们几百年来都未曾解决的哥德巴赫猜想的证明向前大大推进了一步，引起全球数学界的极大轰动，他的证明方法在国际上被命名为"陈氏定理"。他超人的勤奋和顽强的毅力，是常人所不能及的。多年来陈景润都孜孜不倦地致力于数学研究，每天工作 12 个小时以上，废寝忘食。即使在经受病痛无情的折磨时，他都没有停下自己的研究，为我国数学事业的发展做出了重大贡献。他的事迹和拼搏精神广为传颂，成为一代又一代青少年心目中传奇式的人物和积极学习的楷模典范。

成名后，在陈景润写的《回忆我的中学时代》一文中，他把他读初二时各科成绩都一一写了出来。在他的家乡三明市的档案馆所珍藏的学籍档案里，也清晰地记录着他在初二上学期时曾被评为优等生（学

业成绩在80分以上操行及体育成绩到乙等以上者）及初二下学期期末的各学科成绩，有多门学科成绩名列前茅，其中："国文72分，英语90分，代数80分（数学全班第二，最高分84分），化学95分，历史72分，地理81分，生理卫生85分……"如今这些，都成了我们去了解和研究陈景润的极为珍贵的史料。当然，他当时不会想到以后自己会成为一位杰出甚至说是伟大的数学家，享誉全球，但"罗马并非一日建成"，中小学所打下的坚实基础，是他后来成就的夯实地基。他正是从三元县起航，一步一个脚印走向未来，走向他所开拓的数论研究的一

个崭新的时代。

通过陈景润的经历可以很容易地看出，他是属于勤奋＋天才的复合型数学家，他能够年纪轻轻就取得震惊世界的数论成就，这与他的刻苦钻研分不开，正如爱迪生曾说过："天才是1%的天才再加上99%的汗水。"这句话同样适用于陈景润。

中国解析数论的创始人和开拓者

12岁时，华罗庚进入金坛县立初中开始学习，初一过后，他便对数学深深着迷。

一日，老师出了道"物不知其数"的算题。老师说，这是《孙子算经》中一道有名的算题："今有物不知其数，三三数之剩二，五五数之剩三，七七数之剩二，问物几何？""23！"老师的话音尚未落地，就有一个答案洪亮的在教室中响起，而回答的学生正是华罗庚。当时的华罗庚还没有学过《孙子算经》，而他是如何将答案脱口而出的呢？原来他是用如此妙法来思考的："三三数之剩二，七七数之剩二，余数都是二，此数可能是 $3 \times 7 + 2 = 23$，用5除之恰好余3，所以23就是所求之数。"

因家庭原因，华罗庚在1925年初中毕业后被迫辍学，回到家乡帮助父亲经营小小的杂货铺。在单调的站柜台的生活中，他慢慢开始自学数学。他回家乡一面帮助父亲在只有一间小门面的杂货店里记账、干活，一面继续钻研数学问题。即使自己感冒发烧也不顾，依旧拿着笔和纸在不停地演算。

那时华罗庚站在柜台前，有顾客就做生意、打算盘、记账，顾客一走就又继续埋头看书做起数学题来。有时入了迷，竟忘了接待顾客，甚至把算题结果当做顾客应付的货款，使顾客吓一跳。因着这种糊涂的事情时有发生，时间久了，在街坊邻居间广传为笑谈，大家纷纷给他起了个绰号，叫"罗呆子"。每逢遇到怠慢顾客的事情发生，父亲又气又急，说他念"天书"念呆了，要强行把书烧掉。每当发生争执时，他始终死死得抱着书将书护在胸前不放。

再后来，华罗庚功成名就后，回忆起这段生活，他说："那正是我应当接受教育的年月，但一个'穷'字剥夺掉我的梦想：在西北风口上，擦着鼻涕，一双草鞋一支烟，一卷灯草一根针地为了活命而挣扎。"

其实华罗庚读初中时，课程成绩并不突出，甚至数学考试时都经常考不及格。那时华罗庚的数学老师——我国著名教育家、翻译家王维克，他发现华罗庚虽然性喜玩耍，但思维敏捷，脑瓜转得奇快，数学习题往往来回涂抹，改了又改，最后所用的解题方法十分独特巧妙。一次，金坛中学的其他老师感叹学校学生不上进，"差生"偏多，没有"人才"时，王维克说："不见得吧，依我看，华罗庚同学就是一个！""华罗庚？"一位老师笑着说："你看看他那两个像蟹爬的字吧，他能算个'人才'吗？"王维克有些激动地说："当然，他成为大书法家的希望很小，可他在数学上的才能你怎么能从他的字上看出来呢？要知道金子被埋在沙里的时候，粗看起来和沙子并没有什么两样，我们当教书匠的一双眼睛，最需要有沙里淘金的本领，否则就会埋没人才啊！"

华罗庚用一本《代数》、一本《几何》和一本缺页的《微积分》，用这三本简陋的书开启了他的数学家生涯。功夫不负有心人，在19岁那年他终于写出了那篇著名的论文。

1930年春，他的论文《苏家驹之代数的五次方程式解法不能成立的理由》在上海《科学》杂志上发表。当时在清华大学数学系任主任的熊庆来教授看到这篇论文后十分震撼，立刻觉得后生可畏，他马上问周围的人说："这个华罗庚是谁？"，华罗庚当时还一文不名，周围没有知道。后来，华罗庚的同乡，一位名叫唐培经的清华教员向熊庆来介绍了他的身世。"这个年轻人真不简单啊！应该请他到清华来。"熊庆来听后既感动又赞赏。

而这一年，华罗庚仅仅 19 岁。

小链接

拉格朗日：约瑟夫·拉格朗日（1736～1813）全名为约瑟夫·路易斯·拉格朗日，法国著名数学家、物理学家。他在数学、力学和天文学三个学科领域中都有历史性的贡献，其中尤以数学方面的成就最为突出。

华罗庚：华罗庚（1910.11.12－1985.6.12），江苏金坛县人，世界著名数学家，中国科学院院士，美国国家科学院外籍院士。他是中国解析数论、矩阵几何学、典型群、自守函数论与多元复变函数论等多方面研究的创始人和开拓者，也是中国在世界上最具影响的数学家之一，被列为芝加哥科学技术博物馆中当今世界 88 位数学伟人之一。

陈景润：陈景润（1933 年 5 月 22 日～1996 年 3 月 19 日），福建福州人。中国著名数学家，厦门大学数学系毕业。1966 年发表《表达偶数为一个素数及一个不超过两个素数的乘积之和》（简称"1＋2"），成为哥德巴赫猜想研究上的里程碑。

师生互动

　　学生：应该怎样培养学习数学的兴趣呢？

　　老师：不应该将学习数学当成是一个负担，也最好不要把它当做一个单纯的学习任务。其实不难发现，在生活中数学是无处不在的，当遇到一些很费解的问题时，不妨去尝试用数学方法去解决。如果问题迎刃而解，就可以体会到数学的奥妙，这样一来，也会对数学产生兴趣了。

塑料盒底的危险数字

◎智智和妈妈一起逛超市，琳琅满目的饮料汽水。

◎智智将一瓶可乐喝光后将可乐瓶洗涮干净。

◎智智上学前用那只塑料瓶灌满妈妈新煮好的牛奶。

◎智智在课间喝牛奶时喝出怪味。

数字代表的意义

1. PET 聚对苯二甲酸乙二醇脂

常见用于矿泉水瓶、碳酸饮料瓶等的制造。在耐热 70℃时易融化变形，将产生有害的物质。1 号塑料品用了 10 个月后，就极有可能释放出致癌物 DEHP。不能放在汽车内晒太阳；不要装酒、油等物质。

2. HDPE 高密度聚乙烯

常见用于白色药瓶、清洁用品、沐浴产品等的生产。不要在一次使

用后再用来做水杯，或者用来做装其他物品的储物容器。无法彻底清洁，不可循环使用。

3. PVC 聚氯乙烯

常见用于雨衣、建材、塑料膜、塑料盒等制造。可塑性强，价钱便宜，因此被普遍使用，只能耐热81℃。高温时容易产生有害物质，基本不被用于食品包装。难清洗易残留，不要循环使用。若是用于饮品包装，不要购买。

4. PE 聚乙烯

常见保鲜膜、塑料膜等的材料。高温时将产生有害物质，是引起乳腺癌、新生儿先天缺陷等疾病的元凶之一。切忌，保鲜膜进微波炉。

5. PP 聚丙烯

常见用于豆浆瓶、优酪乳瓶、果汁饮料瓶、微波炉餐盒等的制造生产。熔点高达167℃，是唯一可以放进微波炉加热的塑料材质，可在仔细清洁后重复使用。需要注意的是，有些微波炉餐盒，盒体以5号PP制造，可盒盖却采用1号PE，由于PE无法抵受高温，于是也不能与盒体一并放进微波炉。

6．PS 聚苯乙烯

常见用于碗装泡面盒、快餐盒等的生产制造。因温度过高会释出化学物，故无法放入微波炉中。装酸性（如柳橙汁）、碱性物质后，会与之发生化学反应，进而分解出致癌物质。避免用快餐盒打包滚烫的食物，同时也不要用微波炉煮碗装方便面。

7．PC 其他类

常见用于制作水壶、太空杯、奶瓶等。超市、百货公司常用这样材质的水杯作为派送的免费赠品。因为它很容易释放出有毒的物质双酚A，双酚A对人体有害。使用时不要加热，也不要在阳光下直晒。

塑料袋是否有毒

有时去买东西，所用的塑料袋可能会带有一股难闻的异味，或者拿在手中觉得塑料袋黏黏的，这时候如果要用这种塑料袋装食物，肯定会担心是否有毒，是否有害健康，那么应该怎样来鉴别呢？

自己就可以操作，不用到实验室去做科学精密鉴定的方法有四种。

第一种感官检测法，可以通过眼睛、鼻子和触摸来鉴别，无毒的塑料袋呈乳白色、半透明、或无色透明，有柔韧性，手感润滑，表面似有蜡；有毒的塑料袋颜色混浊或呈淡黄色，手感发粘。

第二种是用水检测法，把塑料袋置于水中，并按入水底，无毒塑料袋比重小，可浮出水面，有毒塑料袋比重大，下沉。

第三种是抖动检测法，用手抓住塑料袋一端用力抖，发出清脆声者无毒；声音闷涩者有毒。

第四种是火烧检测法，无毒的聚乙烯塑料袋易燃，火焰呈蓝色，上端黄，燃烧时像蜡烛泪一样滴落，有石蜡味，烟少；有毒的聚氯乙烯塑料袋不易燃，离火即熄，火焰呈黄色，底部呈绿色，软化能拉丝，有盐酸的刺激性气味。

塑料替代物

如今我们已经能够了解到，塑料瓶、盒、罐、袋、箱等毫无疑问都是化学制品。而化学制品无论怎样都会存在一定的毒性，而且据科学研究表明，当温度达到65℃时，一次性发泡塑料餐具中的有害物质将渗入到食物中，对人的肝脏、肾脏及中枢神经系统等造成损害。如果掩埋地下，大约200年才能腐烂，会对土壤的酸碱度产生不良影响，使土壤环境恶化，严重影响农作物的生长。若牲畜吃了塑料膜，会引起牲畜的消化道疾病，甚至死亡。

塑料由于在自然环境下至少200年才能够降解，现在已成为人类的第一号敌人。目前也已经导致许多动物的悲剧。比如，动物园的猴子，鹈鹕，海豚等动物，都会误吞游客随手丢的1号塑料瓶，最后由于不消化而痛苦地死去。望去美丽纯净的海面上，走近了看，其实飘满了各种各样的无法为海洋所容纳的塑料垃圾，在多只死去海鸟样本的肠子里，发现了各种各样的无法被消化的塑料。

面对这些真实的案例，其实不止对动物，对人类，塑料的危害都比较大，那么我们就应该寻找另一种材料来替代塑料，不仅保证了我们的身体健康，也是为自然环境的净化起到了一点作用。

我们就以常见的也是如今人们用得最多的塑料制品——塑料袋为例，塑料袋在日常生活是作为购物袋和垃圾袋的功用最为普遍，那么我们就可以从这两个方面来看，我们可以采用无纺布袋来购物，无纺布袋可以重复利用而不担心有毒物质的融化渗入，清洁也相对方便一些。还

有另外一种替代品就是纸袋，很多发达国家都采用纸袋这一购物袋形式，轻便新鲜，但重复利用度较低，长期使用，成本略高。而在垃圾袋这方面，我们可以转换思维，用纸箱或者高密度的网兜来装垃圾杂物，也不失为一个好方法。

小链接

中枢神经系统：神经系统的主要部分。接受全身各处的传入信息，经它整合加工后成为协调的运动性传出，或者储存在中枢神经系统内成为学习、记忆的神经基础。人类的思维活动也是中枢神经系统的功能。

　　学生：除了塑料袋之外，生活中的哪些塑料制品还能够被替代呢？

　　老师：最常见的就是塑料瓶了吧？很多饮料制品或者纯净水都是用塑料瓶罐装，而塑料瓶不可避免地会带来重复使用，这样一来就会有毒性物质融化溶入饮品中，带来对身体的伤害。那么我们其实可以选择使用玻璃瓶或者不锈钢瓶来装饮料喝，便于清洁也对身体无害。

数字决定你的身体状态

◎天气突然变凉，智智回家后一直打喷嚏，倒在床上十分难受。

◎妈妈给智智测体温发现已经 39 摄氏度。

◎妈妈给智智吃了退烧药，喝了些热水。

◎睡了一觉后，妈妈重新给智智测体温，发现时 36.5 摄氏度，放心地笑了。

健康的身体指标

　　人的身体是否处于健康状态由仪器检查测定后的数据所决定，那么我们就来看看，那些决定我们身体状态的数据都是怎样的吧！

　　体温指数：利用口测法来测，人的正常体温为 36.3～37.2 摄氏度，但波动范围不超过 1 摄氏度，较常见的，临床上一般测腋温，正常为

36～37 摄氏度。发热的分度，以口测法为标准：低热 37.3～38 摄氏度，中等热度 38.1～39 摄氏度，高热 39.1～41 摄氏度，超高热 41 摄氏度以上。高烧会导致心肺功能的紊乱，应及时就医。

　　血压指数： 我国健康人群的最适宜血压水平为收缩压 110mmHg，舒张压 75mmHg，而西方的标准为收缩压 120mmHg，舒张压 80mmHg。我国医院经过长达 15 年对 2 万多人的调查首次确定了上述中国人最适宜血压水平参数，它表明，当一个人的血压值处于 110/75mmHg 这个范围，他患冠心病、脑卒中的概率最低，寿命最长。

你超重啦！快给我下去！

　　血脂指数： 调查得出的血清总胆固醇适宜范围介于 140mg/dl 至 199mg/dl 之间，中国人的最适宜值为 180mg/dl（如果已经得了冠心病，血脂应该控制在 180mg/dl 以下）。血脂异常会加速动脉硬化的发生及损伤肾脏。

体重指数：中国人流行病学的研究将体重指数（体重除以身高的平方）确定为 18.5kg/m2 至 23.9kg/m2 之间，而世界卫生组织确定的超重线是 25，底线是 18.5。对于中国人，如体重指数超过了 24，易患高血压、高血脂、冠心病。由于中国人的肥胖越来越严重，减肥之风越来越兴盛，但减肥也应适度，不宜低于 18.5 这个底线。

自测身体健康

想要测试自己的身体是否健康，十分方便，有一种最简单的方法，就是用"五快"标准来衡量，"五快"即"吃得快、便得快、睡得快、说得快、走得快"。这"五快"体现在日常生活中，具体就是：食欲良好、不暴饮暴食、不偏食，消化系统良好，睡眠有规律、质量高，行动敏捷，思维活跃。

而判断自身心理健康则可用"五有"，"五有"即"有稳定的情绪、正常的智力、健全的个性、良好的社会适应能力、和谐的人际关系"。

再具体一些，比如自测胃肠功能，是否总想打嗝？自觉烧心、吐酸水？不觉得饿，吃点东西就感觉胃部饱胀？口干、苦、涩并伴有异味？大便或稀或干或不畅？如果上述问题你的回答是"是"，那么就应该引起一定的注意，在饭后深入细致地观察自己胃的感受。胃溃疡患者一般在饭后 30～60 分钟开始胃胀痛；十二指肠球部溃疡患者一般于饭后3～4小时开始胃痛；慢性胃炎引起的胃痛无规律，疼痛位置不固定，且时痛时不痛。又比如心肺功能有病症者，在吹熄蜡烛或带火苗的东西时，是否有一刹那的眩晕感产生？如果感到眩晕，可能是肺源性眩晕，常见于各种原因引起的肺功能不全。

另外，世界卫生组织也曾提出另一种健康标准，一共十条，分别是：精力充沛、处事乐观、睡眠良好、保持标准体重、适应能力强、能

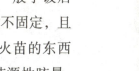

抵抗一般性疾病、眼睛明亮、牙齿完整坚固、头发有光泽、肌肉皮肤弹性好。

如何健康生活

如何健康生活是个老生常谈的话题。

首先应该保持心态的乐观。拥有一个积极乐观的心态是十分必要的，当日常生活和工作中的压力向我们袭来时，以一个乐观向上的心态去面对，才能够减轻压力，并更加顺利地解决所遇到的困难。

北京时间早上六点五十七

第二则是必不可少的充足的休息。休息对于保持身体健康非常重要，它有助于松弛神经和恢复体力。每天休息 6 ~ 8 小时，包括夜间睡眠和日间的精神放松。有规律的睡眠及松弛习惯有助于调节身体，促进食物的消化及废物排泄。同时，由于保证了营养和血液的供应，睡眠也有助于保持头脑清醒。

第三就是进行适量适度的运动。体育锻炼是保持身体健康的关键因素。经常运动有助于消耗体内多余的热量，改善心脏和血液循环系统。一个良好的运动计划应该包括三种身体活动：有氧运动、伸展运动和无氧运动。有氧运动：骑自行车、慢跑、长距离游泳、竞走等活动都属于有氧运动，有助于强健心肺功能和血液循环系统。伸展运动：日常的伸展运动可以增强身体的柔韧度和灵活度，且可以随时随地进行。无氧运动：短跑、举重等短暂的剧烈活动属于无氧运动，能调节和锻炼肌肉。

最重要的是均衡的营养。要达到营养均衡，就需要注意日常饮食习惯，要注意合理饮食的六个方面：1. 食物多样化。2. 多吃蔬菜、水果和谷类食物。3. 选择低脂肪、低胆固醇的食物。4. 少吃盐、糖。5. 尽量避免饮酒。6. 尽量避免吸烟。合理饮食对健康的影响是长期的，均衡膳食需要平时养成习惯，并坚持不懈，才能充分体现饮食对健康的重大促进作用。

当然如果已经检查出身体出现病症，最应该做的就是及时到医院就诊，积极配合医生治疗，早日恢复健康的体魄。

小链接

收缩压：当人的心脏收缩时，动脉内的压力最高，此时内壁的压力称为收缩压，亦称高压。

舒张压：当人的心脏舒张时，动脉血管弹性回缩时，产生的压力称为舒张压，又叫低压。

师生互动

学生：在学校期间应该如何注意身体卫生和健康呢？

老师：明白"病从口入"的道理，然后就是要养成不随地吐痰的习惯。确因感冒克服不了的，应该准备卫生纸，吐在纸上，再扔进垃圾桶；要努力克服随手乱丢的坏习惯。要把废纸、果皮、包装袋扔进垃圾桶中，特别要杜绝从楼上往楼下扔东西的不道德行为；要努力克服乱倒垃圾的坏习惯。在卫生保洁或值日时，无论走再远的路，都要把垃圾及时倒进垃圾容器中，且不可乱倒；捡拾地面上废弃物。要有随手捡拾地面上废弃物的意识和习惯，共同维护学校环境的整洁；不把包装袋带进校园。每个人都保证做到不把包装袋带进校园，从根本上杜绝乱扔乱丢现象。知道了吗？

有趣的数学谜语

◎元宵佳节，妈妈带着智智去逛庙会，庙
　会上人头攒动。
◎智智拉着妈妈走到猜灯谜处，不少人都
　在猜各式各样的灯谜。
◎一个人站出来给大家出了个谜面。
◎智智想了片刻，大声回答，赢得众人的
　赞赏。

数学谜语的基本特征

数学谜语因为属于谜语这一庞大的家族,是其中一个人丁稀少的分支,它所具有的特征,大体上和谜语是一致的。

谜语有独特的结构,谜语一般由三部分组成,即谜面、谜目和谜底,也被称为是谜语三要素。有一点很有意思,是面与底别解,谜语利用汉语字词多意的特点，不把谜面作原意解释，从而得出别样的意思，所谓"谜贵别解"，别解方显谜味。而数学谜语和这一点有一些区别，数学谜语并不拘泥于用汉语表达谜面，也可以用数字来表示，都是可以的，相对来说条件比较宽泛。最后就是面与底异字：在谜语中凡是谜面上有的字，在谜底中不能再出现。

数学谜语的分类自成一家，粗略地分，可分为两大类。

一类谜底与数学知识有关，如：两牛打架（打一数学名词）——对顶角；另一类谜面与数学知识有关，如：1/500公斤（打一字）——竞；当然也有一些谜语谜底和谜面都与数学知识有关。

那么如果将数学谜语按谜底进行分类，大致有：①数学名词谜，如：马路没湾——直径；②数量词谜，如：舌头——千；③数学家谜，如：虎丘春游——苏步青。

如果将数学谜语按谜面进行分类，则大致有：①数字谜，如：699（打一字）——皂；②算式谜，如：7÷2（打一数学成语）——不三不四；③方程谜，如：X÷芬＝4（打一香料名）——八角；④符号谜，如：＋－×（打一成语）——支离破碎；⑤哑谜，如：取走桌上分别写着1、2、3、4、5、6、7、8、9、10的十张纸片中的4、5、6、8、9的五张（打一俗语）——不管三七二十一；⑥复射式填字谜，如：在"乘□□式"的□内填上适当的字，使前两个字、后两个字和中间两个字各成为一数学名词——方根。

数学谜语分类的方式很多，在此就不一一赘述了。

如何编数学谜语

很多学生在初接触过一些数学谜语后，对其产生了浓厚的兴趣，于是也想着如何去编一些数学谜语来给同学朋友猜。

而编数学谜语一般有两个来源，一个是从报刊书籍上收集；另一个来源是自行创作。但大家都清楚，创作出贴切、巧妙的谜语是一项十分艰苦的工作，不能牵强附会，质量不高，特别是编给同学猜不能超出同学掌握的知识范围。那么应该遵循以下几点来进行谜语的创作：

1. 正面会意法，如：走致富道路（打一数学用语）——趋向无穷。

2. 反面会意法，如：修路不能坑坑洼洼（打一数学名词）——平行。

3. 借助字形法，如：□（打一数学名词）——圆周。

4. 借助同音字法，如：牙痛药水（打一数学名词）——函数。

5. 拆字法，如：其中（打一数字）——二。

6. 含字法，如：X÷森＝3（打一字）——杂。

7. 数量换算法，如：4两÷30（打一数学家名）——钱三强。

8. 借用诗词文章名句，如：孔子可食（打一数学名词）——正割

（孔子曰："割不正不食"）

9. 借助数学知识，如 1000 的平方 = 100×100×100（打一成语）——千方百计。

10. 借助典故，如：楚怀王遣横事齐（打一物理名词和数学名词）——质子、求和。

11. 问答法，如：解析几何？（打一俗语）——十八斤。

12. 对偶法，如：贸易法（打一数学名词）——交换律。

13. 改变字的形状、位置，如：脸（打一数学名词）——斜面。

在了解到一些创作数学谜语的技巧后，某中学的学生根据医务室有 3 位校医，分别姓解、方、程，编了一个谜语：某校医务室（打一数学用语）谜底是解方程。后来，姓解的校医走了。学生议论说这回谜语不成立了。然而聪明的学生说谜语仍然成立，只不过谜底改成了方程无解。这例说明，学生确实存在着创造谜语的热情和能力，通过创作谜语，学生的智能可受一定的锻炼。

趣味数学谜语示例

一、猜数字的谜语

谜面：（1）大人不在；（2）人有它大，天没有它大；（3）泰山中无人无水；（4）要虚心；（5）摘掉穷帽子，挖掉穷根子；（6）一来就干。

谜底：（1）一；（2）一；（3）三；（4）七；（5）八；（6）十。

二、猜成语或俗语的谜语

谜面：（1）10×1000＝10000；（2）1000的平方＝100×100×100；（3）3322；（4）87；（5）7÷2；（6）2，3，4，5，6，7，8，9；（7）1，2，5，6，7，8，9，10；（8）取走1，2，3，4，5，6，7，8，9，10中的4，5，6，8，9。

谜底：（1）（乘）成千上万；（2）千方百计；（3）三三两两；（4）七上八下；（5）不三不四；（6）缺一少食（十）；（7）丢三落四；（8）不管三七二十一。

三、猜数学名词或数学用语的谜语

谜面：（1）财政赤字；（2）乘车须知；（3）孔明破阵；（4）本末倒置；（5）货真价实；（6）物极必反；（7）并肩前进；（8）直线运动；（9）桥上钓鱼；（10）擦去三角形的一边。

谜底：（1）负数；（2）乘法；（3）除法；（4）倒数；（5）绝对值；（6）负负得正；（7）平行；（8）平移；（9）垂线；（10）余角。

四、猜汉字的谜语

谜面：（1）九天；（2）千里；（3）十八斤；（4）十二点；（5）2501斤

谜底：（1）旭，昝；（2）重；（3）析；（4）斗，玉；（5）兢。

五、猜计量单位的谜语

谜面：（1）庄稼苗稀；（2）时差一天；（3）奥妙在其中。

谜底：（1）秒；（2）寸；（3）米

小链接

> 楚怀王：熊槐（前360～前296年）战国时楚国国君。公元前328～公元前299年在位，前299年入秦被扣，死于秦。

师生互动

学生：老师今天换我来给您出一道数学谜语吧！谜面是"解析几何"，打一口头用语。

老师：我想想，是"十八斤"吧？将谜面中的"析"分解，就是"十""八""斤"。不知道对不对呢？

动植物中的数学天才

◎规则的蜂巢。

◎排成"人"字形的大雁。

◎马戏团会算术的小狗。

◎向日葵的花盘。

动物中的数学天才

严格的六角柱状体，一端是平整的六角形开口，另一端是封闭的六角菱锥形的底，由三个相同的菱形组成。组成底盘的菱形的钝角为109度28分，所有的锐角为70度32分，既坚固又省料。这不是哪位建筑大师的杰作，而是我们身边的动物——蜜蜂的蜂房。不仅如此，蜂房的巢壁厚0.073毫米，误差极小。

蜘蛛结的"八卦"形网，是既复杂又美丽的八角形几何图案，匀称到即使人们用直尺的圆规也很难画出。

丹顶鹤总是排成"人"字形成群结队迁飞，且如果仔细观察还能够发现"人"字形的角度是 110 度。经过科学家更加精确地计算还表明"人"字形夹角的一半——即每边与鹤群前进方向的夹角为 54 度 44 分 8 秒！而最为奇妙的是金刚石，金刚石结晶体所形成的角度也正好是 54 度 44 分 8 秒！这难道仅仅是一个巧合？还是大自然赋予的某种奇妙安排？

冬天天气寒冷气温低，猫睡觉时总是将身体团成一个球，这其间也有数学学问，因为球形的表面积最小，猫这样做使自己暴露在空气中的面积最小，从而散发的热量也最少，因而能够保持体温保持温暖。

蚂蚁也是不折不扣的"数学天才"。在每次出洞搬运食物时，大蚂蚁与小蚂蚁的数量之比总是 1：10——每隔 10 只小蚂蚁，就有一只大蚂蚁夹在其中，绝没有错乱与越位。

下面介绍的是真正的数学"天才"——珊瑚虫。珊瑚虫用自己的身上当做"日历"，每一天在自己的体壁上"画"一条斑纹，每年便"刻画"出 365 条。可奇怪的是，3 亿 5 千万年前的珊瑚虫每年仅仅"画"出 400 道斑纹，这让古生物学家大为吃惊。而天文学家告诉我们，3 亿 5 千万年前地球自转一周仅 21.9 小时，于是一年不是 365 天，而是 400 天。

植物中的数学天才

科学家发现，植物的花瓣、萼片、果实的数目以及其他方面的特征，都和一个奇特而著名的数列——斐波那契数列相吻合：1、2、3、5、8、13、21、34、55、89……其中，从 3 开始，后面每一个数字都是它前面两个数字之和。

仔细观察向日葵花盘，就会发现其中有两组螺旋线：一组顺时针方向盘绕，另一组则逆时针方向盘绕，两组螺旋线镶嵌在不同的品种中，虽然其种子顺、逆时针方向和螺旋线的数量不尽相同，但往往不会超出 34 和 55，55 和 89 或者 89 和 144 这三组数字——惊奇的是，每组数字都是斐波那契数列中相邻的 2 个数！前一个数字是顺时针盘绕的线数，后一个数字是逆时针盘绕的线数。

数学中，有一种"黄金角"的称谓，而这种角度的数值是 137.5°，经过严谨的测量，它的精确值是 137.50776°。而植物们十分青睐黄金角。如车轮菜是一种常见的草类植物，它那轮生的叶片间的夹角正好是 137.5°。按照这一角度排列的叶片，能很好地镶嵌而又互不重叠，能够最大面积的进行采光活动。每片叶子都最大程度地获得阳光，从而有效地进行光合作用。建筑师们参照车轮菜叶片排列方式的数学模型，设计出了螺旋式高楼，因为有最佳的采光效果，这使得高楼中的每个房间都很明亮。

1979 年，英国科学家沃格尔用计算机模拟研究向日葵的两组螺旋线时发现：若发散角小于 137.5°，那么只能看到一组螺旋线，同时花盘上也会出现间隙；若发散角大于 137.5°，花盘上也会出现间隙，而此时又会看到另一组螺旋线；只有当发散角等于黄金角时，花盘上才呈现彼此紧密镶合的两组螺旋线。

和天文感应的家禽

知道吗？宇宙中遥远天体的运行会对动物的身体产生微妙的影响，"天文蛋"的出现就是这种影响的最好体现。

"天文蛋"，就是在发生某些天文现象时家禽所产下的一种有别于普通蛋的"特殊的蛋",主要特征便是蛋壳表面的天文图案,有彗星、北斗七星、日偏食等图案。在家禽所产下的千奇百怪的"天文蛋"中,"彗星蛋"是最常见的一种。每当哈雷彗星以76年的周期飞近地球时,就在一些地方有母鸡生出布满彗星图案的"天文蛋"的消息。

1682年,当哈雷彗星接近地球时,德国就有只母鸡生下一枚蛋壳上井然有序地排列着各个星辰的花纹的奇异蛋。

1758年,当哈雷彗星再次如约而至,英国小村庄中一个农民发现自己家的一只母鸡产下一枚壳上绘有完整的彗星图案的鸡蛋。

1834年和1910年,两枚"彗星蛋"又分别在希腊和法国产下。

在1986年前,多国提前布下了调查联络网,联系了数以万计的农户,准备在第一时间迎接彗星蛋的诞生。最终,在哈雷彗星来临之时,意大利的一只母鸡生了一枚"彗星蛋"。

其实,不仅仅是哈雷彗星能够带来"彗星蛋",其他的一些独特天文现象也能产生微妙的影响。

这种奇特的现象使许多科学家相信,生物免疫系统与星体肯定存在某种联系,而这些材料恰恰是研究物天感应和人天感应不可多得的好资源。

但也有科学家认为这不过是一种巧合,有专门从事天体化学和比较行星学研究的科学家就坚持认为,"天文蛋"一说没有科学道理,即使鸡蛋上的图案与天文现象再相似,也仅是一种偶然现象。

宇宙间的天体与地球上的生物真的有某种因果关系吗?为什么"天文蛋"只是偶然随机地在地球上出现呢?科学家们正在设法寻求答案。

小链接

哈雷彗星：最著名的彗星，由英国天文学家哈雷在 1704 年最先算出它的轨道而得名，每隔 76 年回归一次。

学生：原来在大自然中有这么多的动植物有数学天赋！那马戏团中会算术的小狗也是真的因为它会算术？

老师：马戏团中的"会算数"小狗已经被证实是人为利用人所听不到的次声波对小狗下达命令所致，这个是假的，但是我们不能绝对否定狗没有数学天赋。

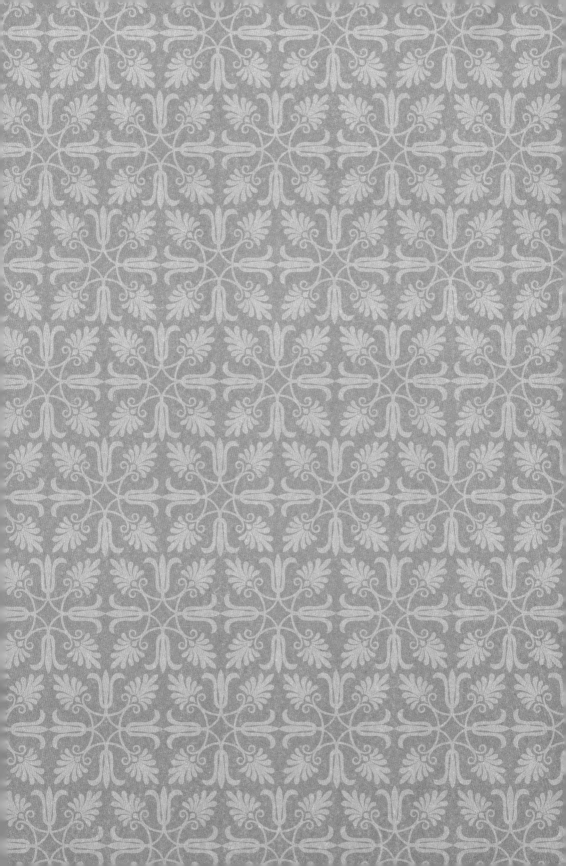

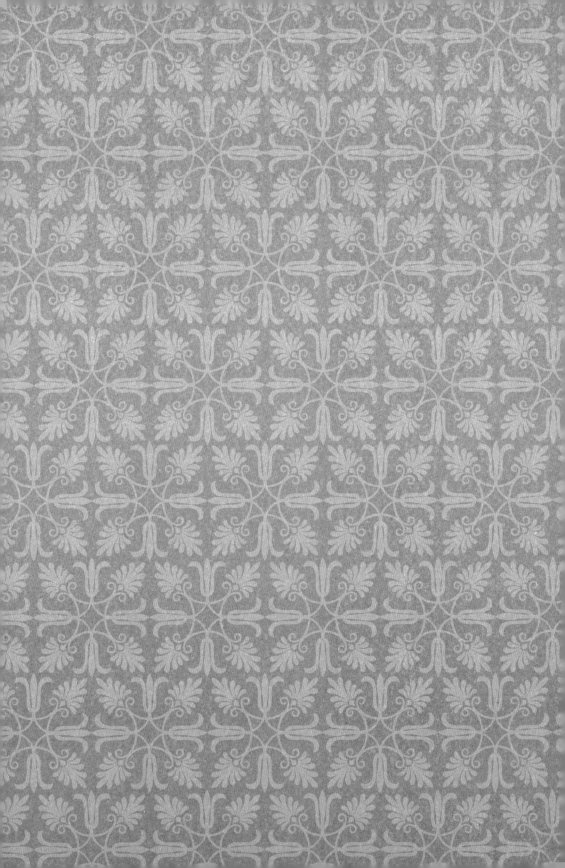